国家林业局普通高等教育"十三五"规划教材

工程训练与创新制作简明教程

主　编　钱　桦　李琼砚
副主编　高道祥　田　野　李　宁

U0315291

中国林业出版社

图书在版编目(CIP)数据

工程训练与创新制作简明教程／钱桦，李琼砚主编. —北京：中国林业出版社，2016.8

国家林业局普通高等教育"十三五"规划教材

ISBN 978-7-5038-8649-2

Ⅰ.①工… Ⅱ.①钱… ②李… Ⅲ.①机械制造工艺－高等学校－教材 Ⅳ.①TH16

中国版本图书馆 CIP 数据核字(2016)第 182437 号

国家林业局生态文明教材及林业高校教材建设项目

中国林业出版社·教育出版分社

策划、责任编辑：张东晓

电话：(010)83143560　　　　　　传真：(010)83143516

出版发行　中国林业出版社(100009　北京市西城区德内大街刘海胡同7号)
　　　　　　E-mail：jiaocaipublic@163.com　电话：(010)83143500
　　　　　　http://lycb.forestry.gov.cn
经　　销　新华书店
印　　刷　北京市昌平百善印刷厂
版　　次　2016 年 8 月第 1 版
印　　次　2016 年 8 月第 1 次印刷
开　　本　787mm×1092mm　1/16
印　　张　13
字　　数　324 千字
定　　价　29.00 元

前　言

工程训练是工科类专业尤其是机械工程、车辆工程等专业的必修实践环节。同时，创新制作训练是当前培养大学生创新能力和实践能力的重要手段之一。

本教材主要介绍了机械制作基础知识，如钢铁材料基本生产过程和金属加工基础知识。工程训练的主要内容为铸造、焊接、车工、钳工等。同时，还介绍了先进制造技术，如数控技术、慧鱼模型搭建等。创新训练部分主要包含两项内容，一是以板材成型和焊接技术为基础的铁艺制作，以激发学生的美学创新能力；二是通过智能小车的制作和在规定场地的竞赛，锻炼学生综合运用工程训练中所学技能的能力并培养团队工作精神。

本教材的主要特点是：

①针对多数院校的现有条件，考虑继续发展的需要，针对机类、近机类工科专业，以传统机械制造方法为基本内容，增加了钢铁材料的基本生产过程及常用钢铁材料、零件加工基本流程、金属切削加工基础知识和常用量具及使用方法等内容，还包含有数控加工、虚拟焊接等先进制造技术的内容，充分体现了工程训练内容的系统性和完整性。

②本教材坚持叙述简练、深入浅出、形象直观、图文并茂，通俗易懂的特点，篇幅控制合理，重点突出。

③本教材配有相关内容的英语阅读资料，使得学生能在低年级就逐步接触和熟悉专业英语，也帮助学生从另外一种叙述方法上理解工程训练内容。

本教材既可作为高等院校机械设计制造及自动化专业、车辆工程专业的专业实习教材，也可供其他近机类或非机类专业的工程训练实习参考和选用。

本教材由北京林业大学钱桦、李琼砚担任主编并统稿，高道祥、田野、李宁担任副主编。本教材第1章由李琼砚、钱桦编写，第2~4章由钱桦、张向惠（北方工业大学）编写，第5、6章由李琼砚、于春战编写，第7章由高道祥编写，第8章由田野、李宁和吴健编写。本教材插图由工业设计专业李莹、章珊伟等同学完成。本教材主要参考资料之一是由李宁编写的北京林业大学金工实习教材（内部）。本教材所有英语阅读材料由刘楣（北京联合大学外语部）编审。

本教材编写中参考了国内外相关领域的文献资料，在此谨向本书所引用参考文献的原作者表示谢意。由于笔者理论水平及教学实践经验所限，书中可能存在不足之处，敬请读者指正。

编　者

2016 年 6 月

目　录

第1章

机械制造基础知识

[本章提要] 本章介绍了钢铁材料的基本冶炼生产过程以及机械加工中常用的钢铁材料。介绍了零件从毛坯加工到机械加工的基本流程，同时还介绍了金属切削的基本知识和常用量具的使用方法。本章配有相关的英语阅读资料和实习报告。

1.1 钢铁材料的基本生产过程及常用钢铁材料

1.1.1 钢铁材料的基本生产过程

我们在生产和生活中广泛应用的钢铁材料是铁碳合金，是通过铁矿石冶炼(iron and steel smelting)而成。

铁元素是地壳中蕴藏量最大的金属元素，它具有强度高、韧性好、抗蚀性强、易提炼加工、易回收利用、对环境友好、生产成本低等诸多优点。在人类目前可以预见的未来，钢铁材料的特点决定了其具有不可完全替代的地位，也决定了钢铁行业作为人类生产和生活的基础性行业而不可或缺。

工业生产的铁根据含碳量分为生铁(含碳量2%以上)和钢(含碳量低于2%)。基本生产过程是在炼铁炉内把铁矿石炼成生铁，再以生铁为原料，用不同方法炼成钢，再铸成钢锭或连铸坯。钢铁生产基本过程如图1-1所示。

炼铁是将铁矿石冶炼为生铁的生产过程。现代炼铁主要是高炉炼铁，如图1-2和图1-3所示，即把铁矿石(氧化铁)在高温下还原为生铁的连续生产过程。高炉冶炼用的原料主要由铁矿石、燃料(焦炭)和熔剂(石灰石)三部分组成。

生铁一般不能直接使用，因为其中的杂质多、含碳量高，材料脆性大，不能焊接、锻造和切削加工。少量生铁铸造成铸铁件使用，多数生铁经冶炼成为钢材使用。

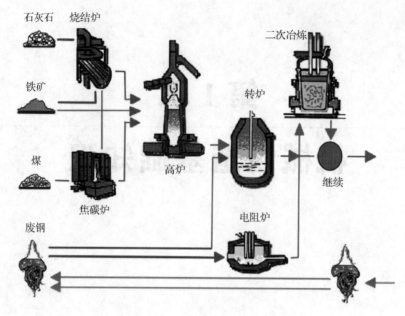

图1-1　钢铁生产三大过程(炼铁—炼钢—轧钢)

炼钢原料为铁水、废钢、造渣剂与冷却剂、合金剂与脱氧剂等，经转炉或电炉冶炼成钢，如图1-4和图1-5所示。

炼钢获得的钢锭或连铸坯称为粗钢，要经过压力加工制成钢材才能使用，压力加工使钢坯的性能进一步提高。90%的钢锭是经过轧制成材。钢材是钢铁工业向其他

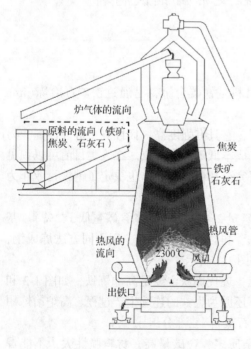

图1-2　高炉炼铁示意图

图1-3　高炉外景

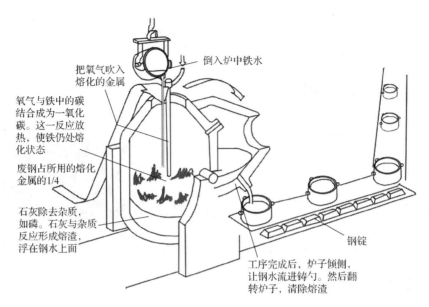

把氧气吹入熔化的金属

倒入炉中铁水

氧气与铁中的碳结合成为一氧化碳。这一反应放热，使铁仍处熔化状态

废钢占所用的熔化金属的1/4

石灰除去杂质，如磷。石灰与杂质反应形成熔渣，浮在钢水上面

钢锭

工序完成后，炉子倾侧，让钢水流进铸勺。然后翻转炉子，清除熔渣

图1-4　氧气顶吹转炉炼钢示意图

各行业提供的最终产品。我国钢材的主要品种：钢轨、型钢、角钢、螺纹钢、圆钢、线材、钢板、钢带、钢管等，如图 1-6 所示。

在旋转的轧辊间改变钢锭，钢坯形状的压力加工过程称为轧钢。轧钢的目的与其他压力加工一样，一方面是为了得到需要的形状，例如：钢板、带钢、线材以及各种型钢等；另一方面是为了改善钢的内部质量，我们常见的汽车板、桥梁钢、锅炉钢、管线钢、螺纹钢、钢筋、电工硅钢、镀锌板、镀锡板，包括火车轮都是通过轧钢工艺加工出来的，如图 1-7 和图 1-8 所示。

图1-5　转炉炼钢外景图

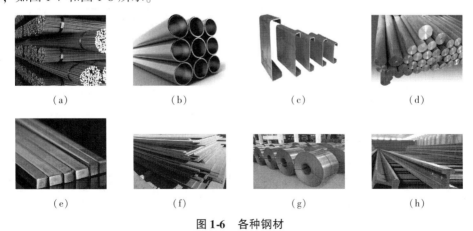

(a)　　　　　(b)　　　　　(c)　　　　　(d)

(e)　　　　　(f)　　　　　(g)　　　　　(h)

图1-6　各种钢材

(a)螺纹钢　(b)钢管　(c)型材　(d)棒料　(e)方钢　(f)板材　(g)钢带　(h)钢轨

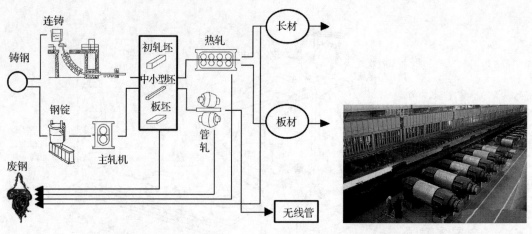

图 1-7   轧钢生产流程图   图 1-8   轧钢机组生产过程

1.1.2   常用钢铁材料

工程材料的分类如图 1-9 所示。我们在机械加工和工程训练中涉及最多的是金属材料，按照使用性能为结构材料或使用领域为机械工程材料。机械加工中常用的工程材料有碳钢、合金钢、铸铁、铝合金、铜合金、钛合金等。

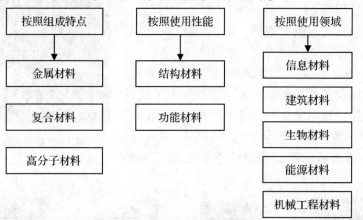

图 1-9   工程材料的分类

1.2   零件加工基本流程

一般机械加工企业从轧钢厂购买各种原材料，如钢棒、钢板等，经过毛坯加工初步成型，再经各种机械加工，热处理等工艺精确成型，最后经过各种检验，装配组成部件或整机。零件加工基本流程如图 1-10 所示。机械零件常用加工方法如图 1-11 所示。

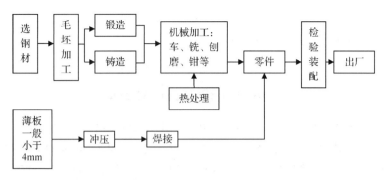

图 1-10 零件加工基本流程图

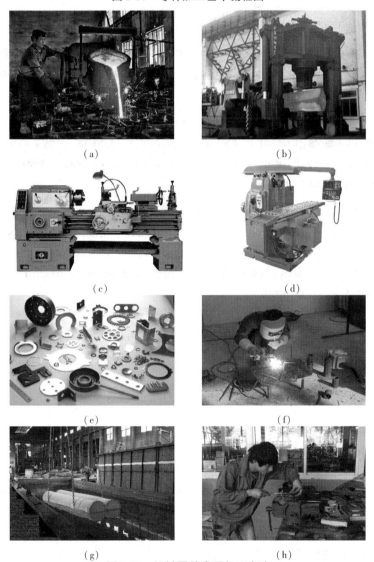

图 1-11 机械零件常用加工方法

(a)铸造加工 (b)锻造加工 (c)车床加工 (d)铣床加工
(e)冲压加工件 (f)焊接加工 (g)热处理淬火 (h)钳工加工

1.3   英语阅读材料 No. 1

Metals and Metal Alloys

Metals are elements that generally have good electrical and thermal conductivity. Many metals have high strength, high stiffness, and have good ductility. Some metals, such as iron, cobalt and nickel, are magnetic. At extremely low temperatures, some metals and inter-metallic compounds become super conductors.

What is the difference between an alloy and a pure metal?

Pure metals are elements which come from a particular area of the periodic table. Examples of pure metals include copper in electrical wires and aluminum in cooking foil and beverage cans.

Alloys contain more than one metallic element. Their properties can be changed by changing the elements present in the alloy. Examples of metal alloys include stainless steel which is an alloy of iron, nickel, and chromium; and gold jewelry which usually contains an alloy of gold and nickel.

Why are metals and alloys used? Many metals and alloys have high densities and are used in applications which require a high mass-to-volume ratio. Some metals alloys, such as those based on aluminum, have low densities and are used in aerospace applications for fuel economy. Many alloys also have high fracture toughness, which means they can withstand impact and are durable.

1.4   金属切削加工基础知识

1.4.1   切削三要素

（1）切削运动

金属切削加工是利用刀具和工件做相对运动，从毛坯（铸件、锻件、条料等）上切除多余的金属，以获得尺寸精度、形状精度、位置精度和表面粗糙度完全符合图纸要求的机器零件，分为钳工和机械加工（简称机工）两部分。钳工一般是通过工人手持工具进行切削加工，使用的工具简单、方便灵活，是装配和修理工作中不可缺少的加工方法。机工主要是通过工人操纵机床来完成切削加工，主要加工方式有车削、钻削、铣削、磨削、刨削等。

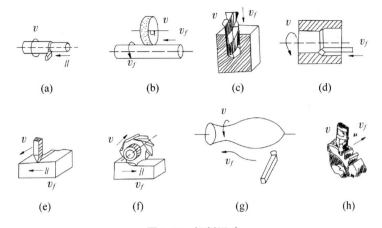

图 1-12　切削运动

（a）车外圆面　（b）磨外圆面　（c）钻孔　（d）车床上镗孔
（e）刨平面　（f）铣平面　（g）车成形面　（h）铣成形面

如图 1-12 所示，无论哪种机床，进行切削加工时必须有以下两种切削运动：主运动和进给运动。通常主运动只有一个，进给运动则可能有一个或多个。

①主运动（v）　在切削过程中提供切削可能性的运动，其特点是在切削过程中速度最高、消耗机床动力最多。如车床上工件的旋转，铣床铣刀、钻床钻头、磨床砂轮的旋转。

②进给运动（走刀运动）（v_f）　在切削过程中，提供继续切割可能性的运动，如车刀、钻头的移动，磨外圆时工件的旋转及轴向移动。

（2）切削三要素

以车削为例，切削三要素如图 1-13 所示，包括切削深度 a_P，进给量 f 和切削速度 v。

①切削深度（简称切深）a_P（mm）　待加工面和已加工面之间的垂直距离，其公式为

$$a_P = \frac{d_w - d_m}{2}$$

式中　d_w——待加工直径，mm；

　　　d_m——已加工直径，mm。

②进给量 f 和进给速度 v_f（mm/min）　进给量是刀具在进给运动方向上相对工件的位移值。进给速度是在单位时间内刀具和工件沿进给运动方向相对移动的距离。其公式为

$$v_f = fn = f_z zn$$

式中　z——刀具齿数；

　　　n——转速，r/min；

　　　f——进给量，mm/r；

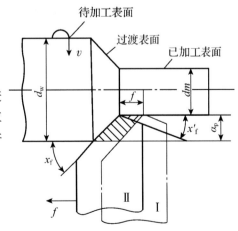

图 1-13　切削三要素

f_z——每齿进给量，mm/齿。

③切削速度(简称切速)v 切削刃选定点相对工件主运动的瞬时速度(m/min，m/s)，其公式为

$$v = \frac{\pi Dn}{1000} \quad m/min$$

或

$$v = \frac{\pi Dn}{1000 \times 60} \quad m/s$$

式中 D——切削直径，mm；

n——转速，r/min。

1.4.2 技术要求

为了保证机器装配后的精度要求、保证各零件之间的配合关系和互换要求，应根据零件不同作用提出合理的技术要求，主要包括表面粗糙度、尺寸精度、形状精度、位置精度及热处理和表面处理。下面简单介绍前面四个技术要求。

(1)表面粗糙度

零件表面的微观不平度称为表面粗糙度，其形成的原因主要有：①加工过程中的刀痕；②切削分离时的塑性变形；③刀具与已加工表面间的摩擦；④工艺系统的高频振动。

表面粗糙度评定参数很多，最常用的是轮廓算数平均偏差 Ra，单位为 μm (表1-1)，表面粗糙度越小，则表面越光滑。标注方法如图1-14。

表1-1　表面粗糙度数值 Ra 的数值(GB/T 1031—1995) μm

0.012	0.050	0.20	0.80	3.2	12.5	50
0.025	0.100	0.40	1.60	6.3	25	100

单一要求：a——第一个表面粗糙度要求(传输带/取样长度，参数代号，数值)；

　　　　　b——第二个表面粗糙度要求(传输带/取样长度，参数代号，数值)。

补充要求：c——加工方法(车、铣、磨、涂镀等)；

　　　　　d——表面纹理和方向；

　　　　　e——加工余量。

(2)尺寸精度

尺寸精度是指零件实际尺寸与设计理想尺寸的接近程度。GB/T 1800.2—2009《产品几何技术规范(GPS)极限与配合》的标准规定了有关线性尺寸精度，标准的主要内容包括标准公差和基本偏差。

①标准公差　根据公差等级不同，国标规定标准公差分为18个等级，即IT01、IT0、IT1、IT2、…、IT18。从IT01到IT18，等级依次降

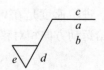

图1-14　表面粗糙度标注

低，而相应的标准公差值依次增大。公差值的大小决定了零件尺寸的精确程度，公差值小精确度高，公差值大精确度低。

②基本偏差 基本确定零件公差带相对于零线位置的极限偏差。基本偏差代号：用拉丁字母表示，轴用小写字母，孔用大写字母。

③公差代号

$$\phi 50 f6 \begin{pmatrix} -0.025 \\ -0.041 \end{pmatrix}$$
表示 $\phi 50$ 轴公差等级为 6 级
基本偏差代号为 f
上偏差为 -0.025
下偏差为 -0.041

（3）形状精度

形状精度是指同一表面的实际形状相对于理想形状的准确程度。一个零件的表面形状不可能做得绝对准确，为满足产品的使用要求，对这些表面形状要加以控制。按照国家标准的规定，表面的形状精度用形状公差来控制，形状公差有 6 项，见表 1-2。

表 1-2 形状公差符号

直线度	平面度	圆度	圆柱度	线轮廓度	面轮廓度
—	▱	○	⌀	⌒	◠

（4）位置精度

位置精度是指零件点、线、面的实际位置相对于理想位置的准确程度，正如零件表面形状不能做的绝对准确一样，表面间相互位置误差也是不可避免的。按照国家标准规定，相互位置精度用位置公差来控制，位置公差有 8 项，见表 1-3。

表 1-3 位置公差符号

定向			定位			跳动	
平行度	垂直度	倾斜度	同轴度	对称度	位置度	圆跳动	全跳动
//	⊥	∠	◎	=	⊕	↗	↗↗

1.5 英语阅读材料 No. 2

Dimension, Tolerances, Limits and Fits

The drawing must be a true and complete statement of the designer's requirements expressed in such a way that the part is convenient to manufacture.

Every dimension necessary to define the product must be stated once only and not repeated in different views. Dimensions relating to one particular feature, such as the position and size of a hole, should, where possible, appear on the same view. There should be no more dimensions than are absolutely necessary, and no feature should be located by more than one dimension in any direction. It may be necessary occasionally to give an auxiliary dimension for reference, possibly for inspection. When this is so, the dimension should be enclosed in a bracket and marked for reference. Such dimensions are not governed by general tolerances. Dimensions that affect the function of the part should always be specified and not left as the sum or difference of other dimensions. If this is not done, the total permissible variation on that dimension will form the sum or difference of the other dimensions and their tolerances, and this will result in these tolerances having to be made unnecessarily tight. The overall dimension should always appear. All dimensions must be governed by the general tolerance on the drawing unless otherwise stated. Usually, such a tolerance will be governed by the magnitude of the dimension. Specific tolerances must always be stated on dimensions affecting function or interchangeability.

A system of tolerances is necessary to allow for the variations in accuracy that are bound to occur during manufacture, and still provide for interchangeability and correct function of the part. A tolerance is the difference in a dimension in order to allow for unavoidable imperfections in workmanship. The tolerance range will depend on the accuracy of the manufacturing organization, the machining process and the magnitude of the dimension. The greater the tolerance range, the cheaper the manufacturing process. A bilateral tolerance is one where the tolerance range is disposed on both sides of the nominal dimension. A unilateral tolerance is one where the tolerance zone is on one side only of the nominal dimension, in which case the nominal dimension may form one of the limits.

Limits are the extreme dimensions of the tolerance zone. For example, nominal dimension 30 mm tolerance limits.

Fits depend on the relationship between the tolerance zones of two mating parts, and may be broadly classified into a clearance fit with positive allowance, a transition fit where the allowance may be either positive or negative (clearance or interference), an interference fit where the allowance is always negative.

1.6 常用量具及使用方法

为了确保加工质量，在切削加工前和加工完毕后以及加工过程中对加工的工件都要进行尺寸和形状等项目的检验，用来检验测量的工具（量具）很多，下面介绍几种常见的量具。

1.6.1 游标卡尺

游标卡尺如图 1-15 所示，是一种常见的中等精度量具，可测量外径、内径、长度和深度尺寸。按读数的准确度，可分为 0.1mm、0.05mm、0.02mm 三种。读数方法举例如图 1-16 所示。

注意事项：①校对零点，拧紧锁紧螺钉，防止松动；②放正卡尺，适当用力，防止卡脚变形、磨损，降低测量精度，视线垂直；③仅用于测量加工过的光滑表面。

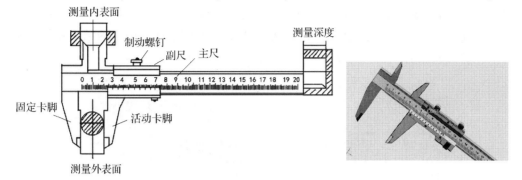

图 1-15　游标卡尺

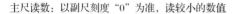

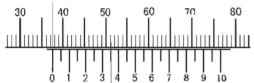

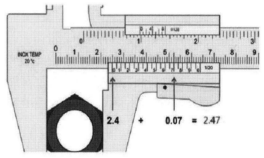

图 1-16　游标卡尺读数方法

1.6.2　千分尺

测量的准确度为 0.01mm，习惯称为千分尺，可分为内径、外径、深度百分尺三种。

（1）刻线原理

百分尺的读数机构由固定套筒和活动套筒组成。固定套筒在轴线上刻有一条中线，中线上下方各有一排刻线，刻线每小格间距均为 1mm，上下两排刻线相互错开 0.5mm；在活动套筒左端圆周上有 50 等分的刻度线。因测量螺杆的螺距为 0.5mm，即螺杆每转一周，同时轴向移动 0.5mm，故活动套筒上每一小格的读数值为 0.5/50 =0.01mm。当百分尺的螺杆左端与砧座表面接触时活动套筒左端的边线与轴向刻度线的零线重合；同时圆周上的零线应与中线对准。

（2）读数方法

刻度显示千分尺读取方法：测量值为主轴刻度 + 副轴刻度。根据图 1-17 所示的主轴和副轴放大图，说明如下：首先读出副轴边缘在主轴上的刻度。在图 1-17 中，由于其边缘在主轴上处于 7 和 7.5 之间，所以主轴刻度是 7mm。第二步是读取和主轴刻度基线重合的副轴刻度。在图 1-17 中，主轴刻度基线对齐到副轴上的 37 和 38 之间位置，再根据刻度分量读出其分刻度，就可得 0.4，因此副轴刻度是 37.4。第三步是在第二步中得到的数据上乘于主轴 1 个刻度的单位。在图 1-17 中，由于主轴 1 个刻度单位是 0.1mm，因此 $0.01 \times 37.4 = 0.374$mm。最后是把前两步的结果相加，就得到(最终)测量值。在图 1-17 中，其测量值是 $7 + 0.374 = 7.374$mm。

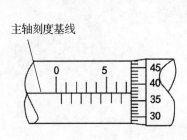
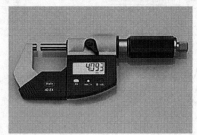

图 1-17　千分尺

（3）注意事项

首先检查零点：使用前擦净测量面，合拢后检查零点；第二步合理操作：当测量螺杆接近工件时严禁再拧活动套筒，必须使用棘轮，当棘轮发出"嘎嘎"响声时表示压力合适，即应停止转动；第三步垂直测量：工件应准确放置在百分尺测量面之间，不可偏斜；最后精心维护：不得测量毛坯面和运动中的工件，用完后放回合中以免摔磕。

1.6.3　直角尺

直角尺如图 1-18 所示，两边成准确的 90°，用来检查工件的垂直度。当直角尺的一边与工件一面贴紧，工件的另一面与直角尺的另一边之间露出缝隙，用厚薄尺即可测量出垂直度的误差值，也可以根据光隙判断误差状况。

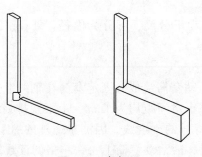

图 1-18　直角尺　　　　　　图 1-19　百分表

1.6.4　百分表

百分表如图 1-19 所示，是一种精度较高的比较量具，只能测出相对数值，不能测出绝对数值，主要用来检查工件的形状和位置误差(如圆度、平面度、垂直度、跳动等），也常用于工件的精密找正。

（1）读数原理

百分表有大指针和小指针，大指针刻度盘上有 100 格刻度，小指针刻度盘上有 10 格刻度，当测量杆向上或向下移动 1mm 时，通过表内的机构带动大指针转一周，小指针转一格，即大指针每格读数为 0.01mm，用来读 1mm 以下的数值，小指针每格读数为 1mm，用来读 1mm 以上的整数值。测量时，大小指针的读数变化值之和即为尺寸变动量。大指针刻度盘可以转动，供测量时调整大指针对零位线用。

（2）注意事项

第一使用前检查测量杆的灵活性，轻轻推动测量杆看其是否在套筒内灵活移动，松开手后指针是否回到原来的刻度位置；第二使用时必须把百分表固定在可靠的夹持架上；第三测量平面时百分表测量杆要与平面垂直，测量圆柱面时测量杆要与工件的轴心线垂直，否则会使测量杆移动不灵活或测量结果不准确；第四百分表用完后应擦拭干净呈自由状态放入盒中，防止弹簧过早失效。

本章小结

钢铁材料是铁碳合金，通过炼铁、炼钢和轧钢而成为钢材产品。因其具有强度高、韧性好、抗蚀性强、易提炼加工、易回收利用、对环境友好、生产成本低等诸多优点而成为我们生产和生活中的最常用材料之一，也是机械加工的主要对象。机械加工中常用的工程材料有碳钢、合金钢、铸铁、铝合金、铜合金、钛合金等。一般机械加工企业从轧钢厂购买各种原材料，如钢棒、钢板等，经过毛坯加工初步成型，再经各种机械加工，热处理等工艺精确成型，最后经过各种检验，装配组成部件或整机。金属的机械加工主要包括车床的回转体表面加工、铣床和刨床的平面及沟槽加工，还有磨削等精加工，以及装配等需要的钳工等过程。机械加工常用的量具有卡尺、千分尺等。

思考题

1. 钢铁冶炼的三大过程是什么？为什么生铁不能直接使用？
2. 毛坯加工和机械加工都包括哪些方法？
3. 常用的机械加工方法有哪些？
4. 卡尺的基本使用方法？

相关链接

1. 中国冶金网 http：// www. y-e. cn/
2. 中国机械加工网 http：// www. zgjxjgmh. com/

机械制造基础实习报告

1. 填写零件加工基本流程图

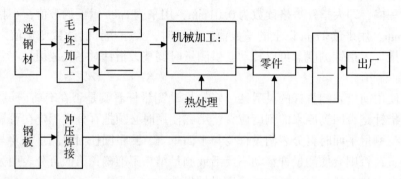

2. 生铁和钢的含碳量分界点是_____％。

3. 钢铁生产三大过程是_____、_____和_____。

4. 炼铁三大原料是_____、_____和_____。

5. 一般是_____炉炼铁，_____炉炼钢。

6. 常用的测量工具：填写下图测量工具的名称。

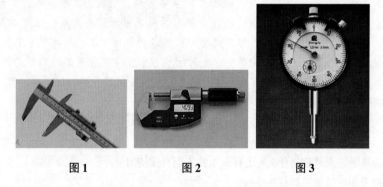

图1   图2   图3

7. 游标卡尺读数练习

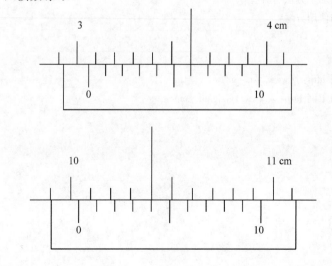

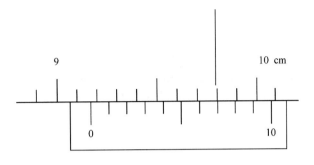

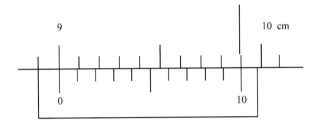

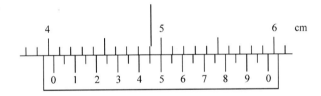

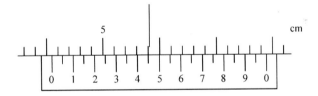

填表

图 1	读数		图 4	读数	
图 2	读数		图 5	读数	
图 3	读数		图 6	读数	

8. 翻译以下语句：

Alloys contain more than one metallic element. Their properties can be changed by changing the elements present in the alloy. Some metals alloys, such as those based on aluminum, have low densities and are used in aerospace applications for fuel economy.

翻译：

A tolerance is the difference in a dimension in order to allow for unavoidable imperfections in workmanship. The tolerance range will depend on the accuracy of the manufacturing organization, the machining process and the magnitude of the dimension. The greater the tolerance range, the cheaper the manufacturing process. A bilateral tolerance is one where the tolerance range is disposed on both sides of the nominal dimension. A unilateral tolerance is one where the tolerance zone is on one side only of the nominal dimension, in which case the nominal dimension may form one of the limits.

翻译:

第 2 章

毛坯加工——砂型铸造

[本章提要] 本章介绍了铸造加工定义和特点。针对金工实习的主要内容砂型铸造，介绍了安全操作规定；造型工具及型砂；手工造型的整模和分模造型；手工铸造的基本流程；砂型铸件常见缺陷等。最后，介绍了砂型铸造实习的基本步骤。本章结尾为砂型铸造的英语阅读文献和实习报告。

2.1 简介

铸造是一种充分利用液体流动性质使金属成型的工艺方法，又称为液态成型。

铸造是将金属液浇入预先制备好的铸型中，凝固后获得具有一定形状、尺寸和性能的毛坯或零件的成型方法。用铸造方法所获得的毛坯或零件统称为铸件。铸件通常都是毛坯，经切削加工后才能成为零件。用于铸造成型的金属材料有铸铁、铸钢和铸铝、铸镁等，其中以铸铁最为广泛。

铸造可分为砂型铸造和特种铸造两类。砂型铸型采用的是以原砂为主，加入适量的胶黏剂、附加物和水，按照一定的比例混制而成，成本低廉，适应性广，是目前铸造生产中应用最为广泛的一种方法。砂型铸造又分为手工造型和机械造型，铸工实习是以手工砂型铸造为主要训练内容。特种铸造在制造铸型时少用砂或不用砂的特殊工艺装备，能获得比砂型铸造表面质量好、尺寸精确、力学性能较高的铸件，常用的特种铸造方法有金属型铸造、压力铸造、离心铸造、熔模铸造等，如图 2-1 所示。

铸造生产的特点为：①铸造能够制造出形状复杂（尤其是复杂内腔）的铸件，如各种箱体、机架、床身、发动机缸体等；②适应性广，几乎不受重量、尺寸、材料种类以及生产批量的限制；③铸造不需要昂贵的设备，原材料来源广泛，成本较低。例如一台金属切削机床的铸件重量约占75%，而其成本仅占机床的15%~30%；④砂型

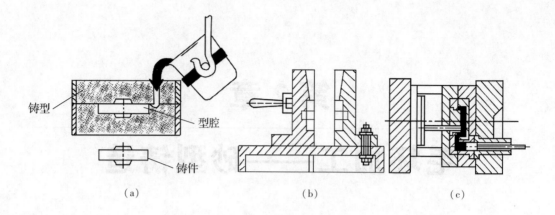

图 2-1　常用的特种铸造方法

（a）铸造基本过程　（b）金属型铸造　（c）压力铸造

铸造过程工序多，对铸件的质量难精确控制，其机械性能一般不如锻件高，因此凡承受动载荷或交变载荷的重要受力零件目前还很少使用铸件，另外，砂型铸造生产率、劳动条件、环境污染方面也存在一定的问题。近年来铸造在机械化、自动化方面取得新的发展，新工艺、新技术得到广泛推广应用，使铸件的质量和性能均取得了显著的改善和提高。古今铸件如图 2-2 所示。

图 2-2　古今各种铸件

（a）司母戊大方鼎　（b）青铜器　（c）机床箱体铸件　（d）手轮铸件

2.2　砂型铸造安全操作规定

砂型铸造安全操作注意事项：①造型时严禁用嘴吹型砂，以免迷眼；②搬动砂箱时，要轻拿轻放，以免砸伤；③浇包使用前必须烘干，以防水汽爆裂；④吊包、浇注操作要稳当、缓慢，以免金属液体溅出伤人；⑤不可用身体触及未冷却铸件，以免烫伤；⑥清理铸件时要注意周围环境，以免伤人。

以上安全操作注意事项如图 2-3 所示。

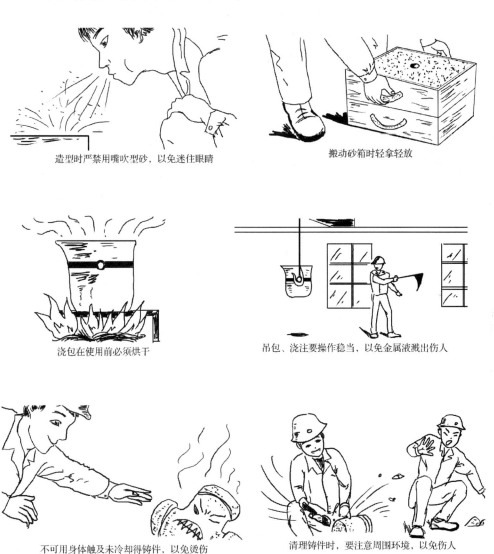

造型时严禁用嘴吹型砂，以免迷住眼睛　　　搬动砂箱时轻拿轻放

浇包在使用前必须烘干　　　吊包、浇注要操作稳当，以免金属液溅出伤人

不可用身体触及未冷却得铸件，以免烫伤　　　清理铸件时，要注意周围环境，以免伤人

图 2-3　铸工安全操作规定

2.3　造型工具及砂型

2.3.1　砂箱及造型常用工具

手工造型常用工具，如图 2-4 所示。

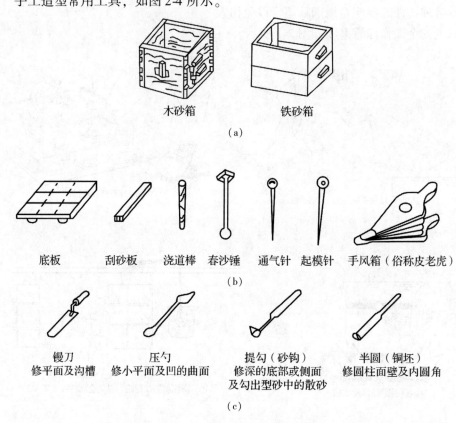

木砂箱　　　　铁砂箱

(a)

底板　　刮砂板　浇道棒　春沙锤　通气针　起模针　手风箱（俗称皮老虎）

(b)

镘刀　　　　　　压勺　　　　　　提勾（砂钩）　　　　半圆（铜坯）
修平面及沟槽　修小平面及凹的曲面　修深的底部或侧面　修圆柱面壁及内圆角
　　　　　　　　　　　　　　　及勾出型砂中的散砂

(c)

图 2-4　手工造型常用工具

（a）砂箱　（b）各种手工造型工具　（c）各种手工修型工具

2.3.2　型砂

型砂及芯砂是制造铸型和型芯的造型材料，它主要由原砂、粘结剂、附加物和水混制成。型(芯)砂按粘结剂种类可分为：黏土砂、水玻璃砂、油砂合成砂、树脂砂等，其中黏土砂应用最广泛。黏土砂的主要成分是硅砂(SiO_2)、黏土、水及附加物按照一定比例制成，如图 2-5 是黏土砂的结构示意图。

为了防止铸件生产中产生黏砂、夹砂、砂眼、气孔和裂纹等缺陷，型砂一般应具备一定的强度、透气性、耐火性和退让性。芯砂与型砂比较，除上述性能要求更高

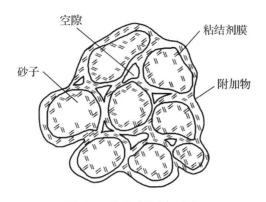

图 2-5　黏土砂结构示意图

外，还应具有低吸湿性和发气性。

　　造型前先要进行配制型砂、混砂(一般在混砂机上进行)和型砂检验，如图 2-6 和图 2-7 所示。

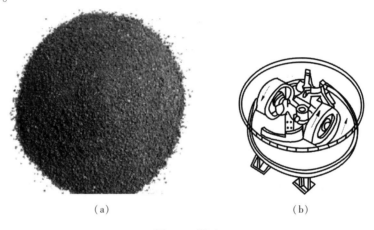

（a）　　　　　　　　　　　　　（b）

图 2-6　混砂

（a）型砂　　（b）碾轮式混砂机

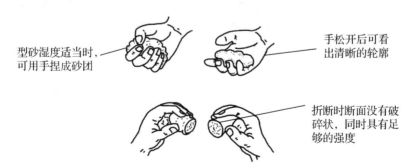

图 2-7　手捏法检验型砂

2.4　手工造型——整模造型和分模造型

手工造型有多种方法，其基本工艺流程如图 2-8 所示。常用的手工造型方法有整模造型、分模造型、活块造型、挖砂造型、假箱造型、刮板造型和三箱造型等，其中最常用的是整模造型和分模造型。

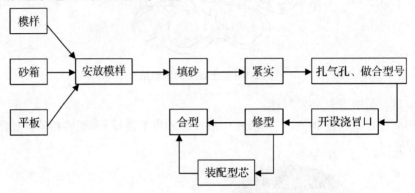

图 2-8　手工造型的基本工艺流程

2.4.1　整模造型

整模造型的模样是整体结构，最大截面在模样一端且为平面，分型面与分模面多为同一平面，操作简单，型腔位于一个砂箱，铸件形位精度与尺寸精度易于保证。用于形状简单的铸件生产，如盘、盖类、齿轮和轴承座等零件。整模造型过程如图 2-9所示。

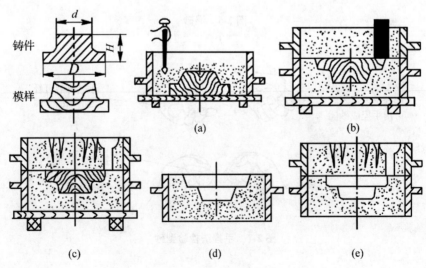

图 2-9　整模造型过程

（a）造下型　（b）造上型　（c）开浇口杯，扎通气孔　（d）起出模样　（e）合型

2.4.2 分模造型

分模造型的模样被分为两半，分模面是模样的最大截面，型腔被分置在两个砂箱内。

易产生因盒箱误差而形成的错箱。适合于形状较复杂且具有良好对称面的铸件，如套筒、管子和阀体等零件。套筒的分模造型过程如图 2-10 所示。

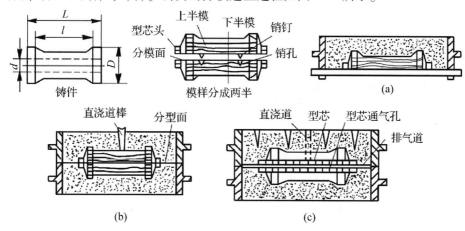

图 2-10 分模造型过程

(a)用下半模造下型 (b)用上半模造上型 (c)起模、放型芯、合箱

2.5 铸造工艺基本流程

砂型铸造的基本工艺流程如图 2-11 所示。首先依据套筒零件图制成套筒零件模型，由于套筒是中空件还需要制出型芯，然后完成铸型，经合箱检查后，将熔化的金属液浇注到铸型中，待铸型冷却后，经落砂、清理和切除浇冒口后获得铸件，最后再经过检验，判定零件是否合格，合格的铸件最后还要经过去应力退火。铸造工艺完成后，毛坯再进行下一阶段的机械加工，使其达到最后零件的精度要求。

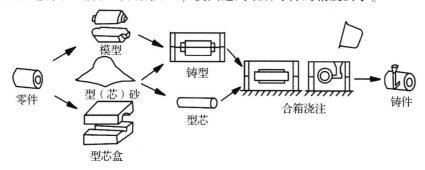

图 2-11 套筒铸件的砂型铸造生产过程

下面以端盖零件为例说明砂型铸造的基本过程。图 2-12 是一端盖零件和其零件图。

首先依据端盖零件图，考虑砂型铸造工艺特点，如分型面、起模斜度、加工余量、铸造圆角、收缩率、芯头、芯座等，绘制出铸造工艺图，如图 2-13。依据端盖铸造工艺图，分别制出端盖零件模样和型芯。模样多采用木材制造，模样用于端盖零件的外形成型。型芯用于成型端盖的内孔，一般采用芯盒制成。图 2-14 为端盖模样示意图，图 2-15 为制造型芯用的芯盒。

图 2-16 为制造型芯的过程。接下来准备好砂箱和造型工具，开始造型。先造下型，再造上型，安放型芯，开浇注系统，合箱后安放压铁，最后进行浇注，如图 2-17 所示。造型的详细步骤在砂型铸造实习训练中有详细介绍。

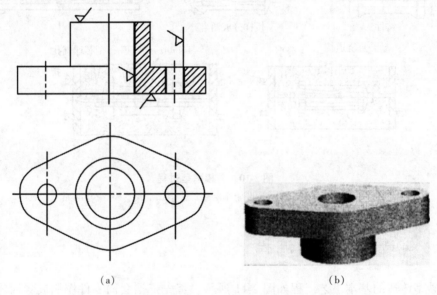

(a)　　　　　　　　　　　　(b)

图 2-12　端盖零件和零件图

(a)端盖零件图　(b)端盖零件

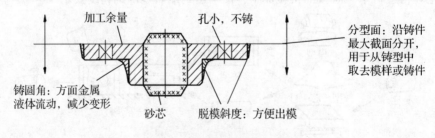

图 2-13　端盖零件铸造工艺图

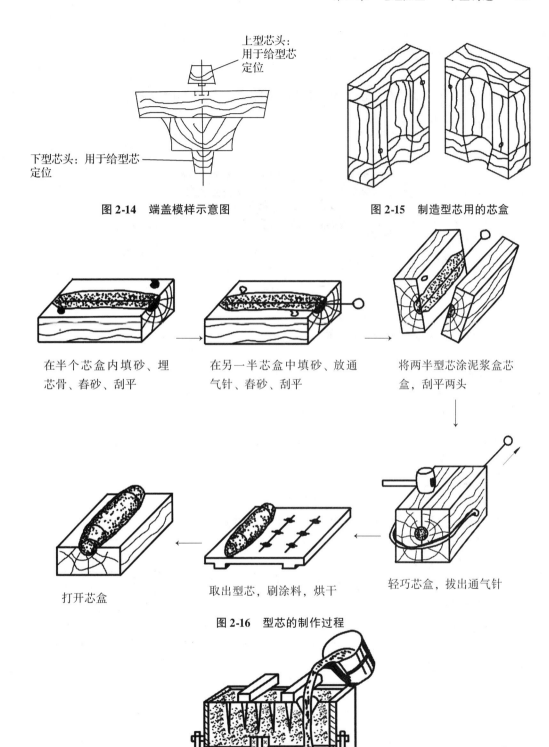

上型芯头：
用于给型芯
定位

下型芯头：用于给型芯
定位

图 2-14　端盖模样示意图

图 2-15　制造型芯用的芯盒

在半个芯盒内填砂、埋
芯骨、春砂、刮平

在另一半芯盒中填砂、放通
气针、春砂、刮平

将两半型芯涂泥浆盒芯
盒，刮平两头

打开芯盒

取出型芯，刷涂料，烘干

轻巧芯盒，拔出通气针

图 2-16　型芯的制作过程

图 2-17　端盖铸件的浇注

2.6　砂型铸造常见缺陷

砂型铸件常见缺陷有：浇不足、黏砂、缩孔等，如图 2-18 所示。

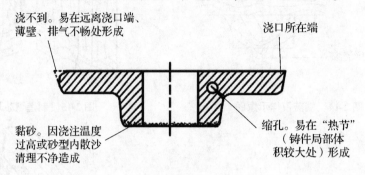

浇不到。易在远离浇口端、薄壁、排气不畅处形成

浇口所在端

黏砂。因浇注温度过高或砂型内散沙清理不净造成

缩孔。易在"热节"（铸件局部体积较大处）形成

图 2-18　铸件常见缺陷

2.7　砂型铸造实习训练

（1）训练目的

①了解手工造型安全知识。

②了解整模造型的工艺过程及特点。

③了解型砂、芯砂的组成，性能特点及对铸件质量的影响。

④了解模样、铸件和零件之间的关系和区别。

⑤了解常用造型工具的名称并能正确使用。

⑥了解手工造型的操作要领及修型方法。

⑦了解砂型紧实度要求及紧实度与铸件质量的关系。

（2）作业件及技术要求

①作业件　如图 2-19 所示。

②基本要求　能正确使用常用造型工具，在教师指导下，能利用模样完成整模造型。

③工艺分析　由于铸件比较简单，浇注系统由浇口杯和主浇道组成。铸件的重要加工面朝浇注，即上表面。分型面设在铸件最大截面处。

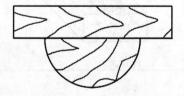

图 2-19　实习作业用模样

（3）加工重难点分析

在造上型和合型时容易出现差错。合型时应保持上型水平下降，并按照定位线定位。

（4）工艺准备

选择大小尺寸合适的砂箱、底板，手工造型工具一套。

（5）手工造型操作基本技术（表 2-1）。

表 2-1　手工造型操作基本技术

工序	工序主要内容	简图示意
1. 造型前准备	选择平直的底板和大小合适的砂箱。模样与砂箱内壁及顶部距离约 30～100mm。安放模样，注意起模斜度	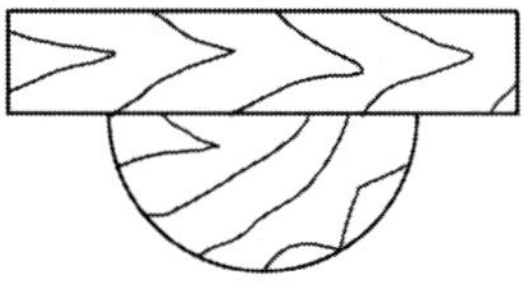 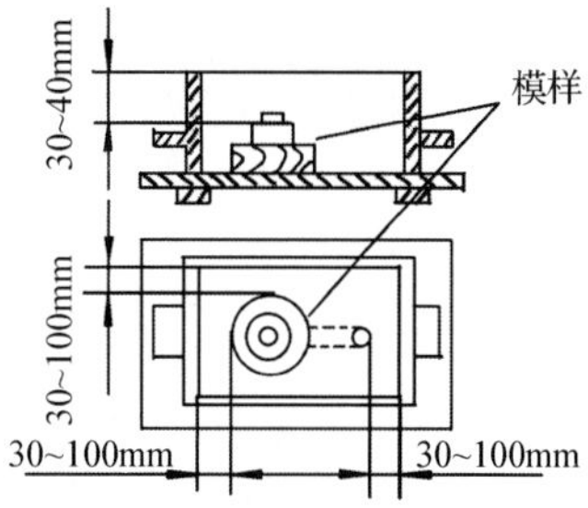
2. 春砂	①春砂时，将型砂分次加入，每次加砂厚度约 50～70mm，否则春不紧	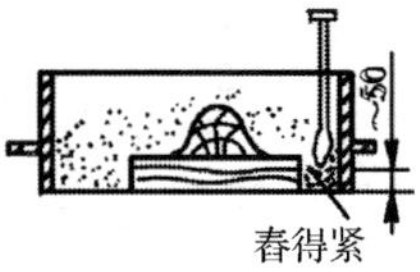 加砂量合适，易春紧(正确) 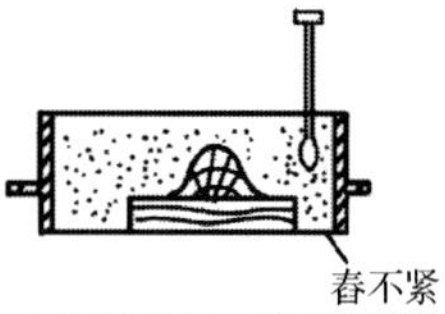　　加砂量过多，春不紧(错误)
	②第一次加砂上，手将模样按住，并用手将模样周围用砂按紧，以免春砂时模样移动	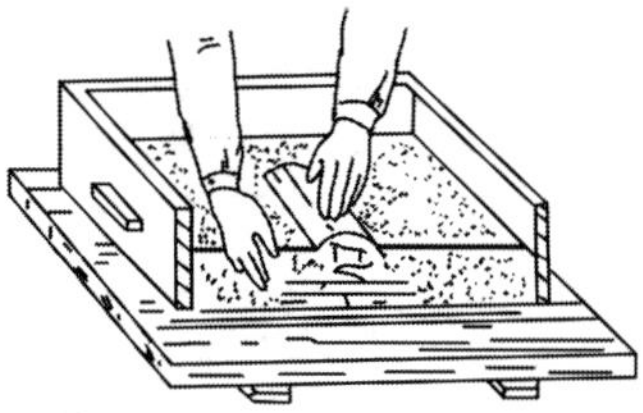
	③春砂应均匀的按照一定路线进行，以保证砂型各处紧实均匀	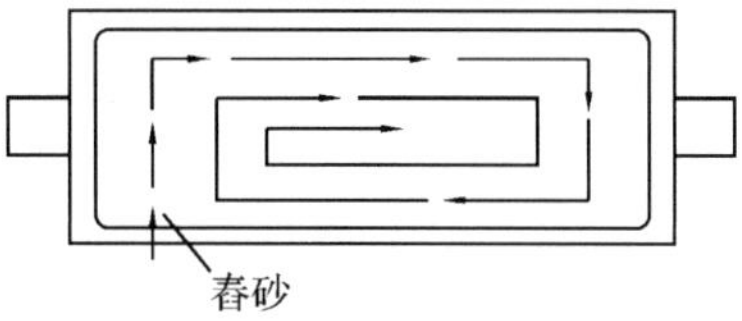
	④砂时注意不要春到模样上	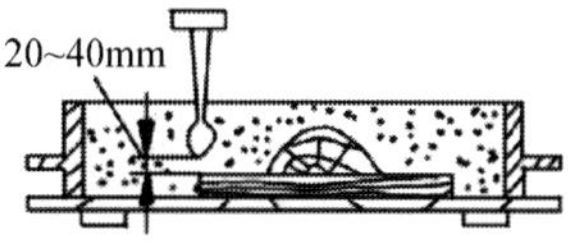 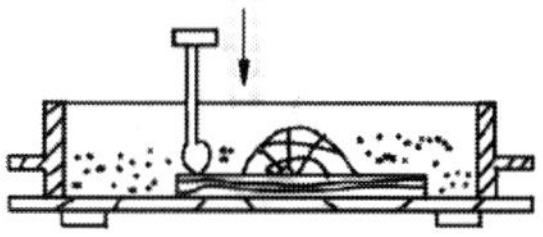 砂春锤与木模相聚20~40mm　　砂春锤撞到木模，木模损坏 (正确)　　　　　　　　　　(错误)
	⑤砂用力要适当，力量过大，砂型太紧，浇注时内腔的气体不易排出，易产生气孔等缺陷。砂型太松，易造成塌箱。同一砂箱，各处紧实度不同	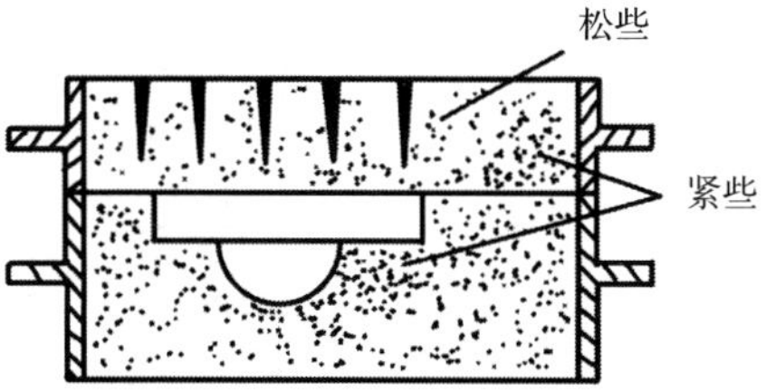

（续）

工序	工序主要内容	简图示意
2. 春砂	⑥刮砂	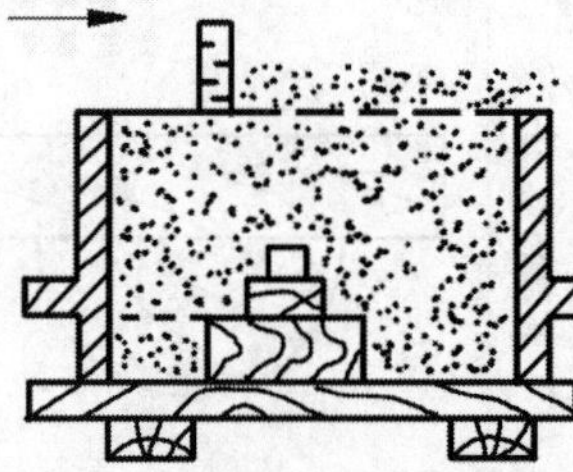 用刮砂板刮去多余得型砂
3. 翻箱、撒分型砂	下砂型造好后，翻转180°。在造上型前，在分型面上撒上无黏性的分型砂，以防止上下砂型粘在一起开不了箱。最后应将分型砂吹掉，以避免分型砂粘到上砂型表面，浇注时被金属液冲入铸件中产生缺陷。	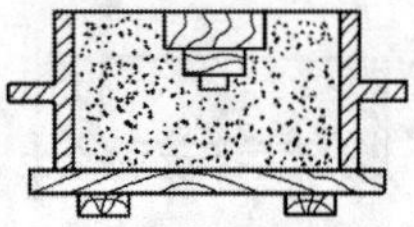 翻转下砂箱 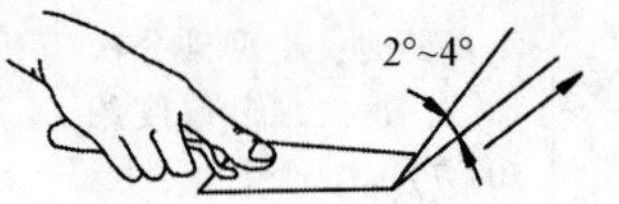　用镘刀刮平分型面 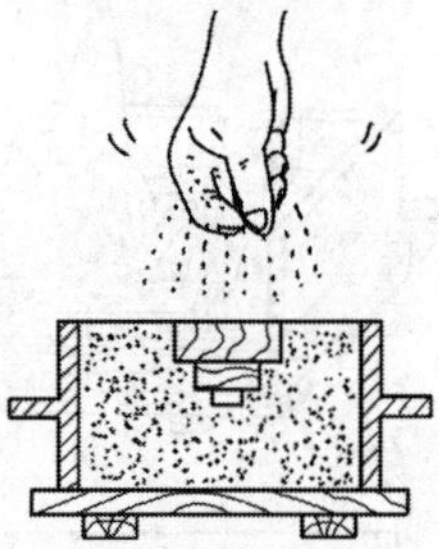 （在分型面上均匀撒上分型砂 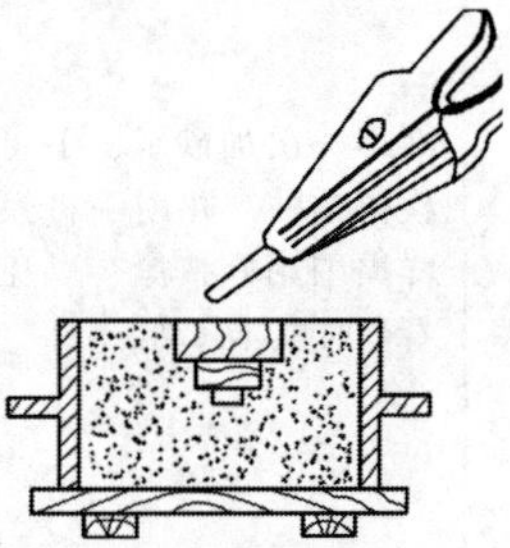　用手风箱吹去模样上的分型砂
4. 造上型、扎通气孔	放好上半模，上箱和浇道棒，加砂造上型。上型春紧刮平后，要在模样的投影面上，用通气针扎通气孔，以利用浇注时气体排出。通气孔要分布均匀，深度适当	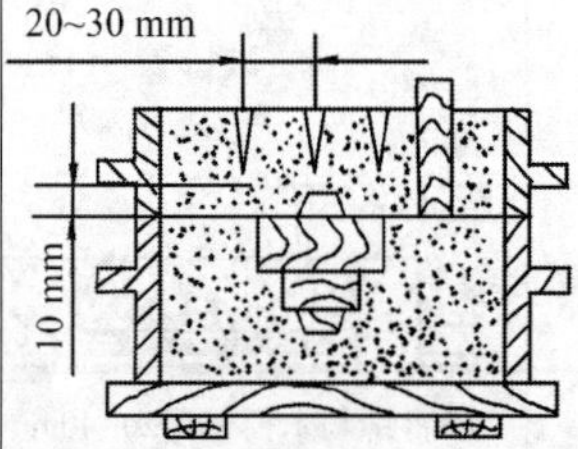 造上型 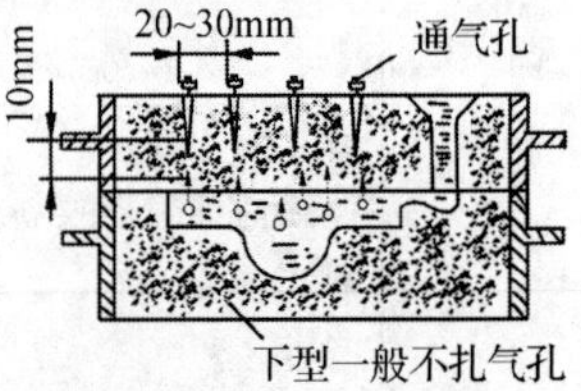　下型一般不扎气孔
5. 开外浇口	外浇口应挖成约60°的锥形，直径约60～80mm。浇口面应修光，与直浇道连接处应圆角过渡，便于浇注时引导金属液平稳流入砂型。若外浇口挖成蝶形，浇注时易使金属液飞溅伤人	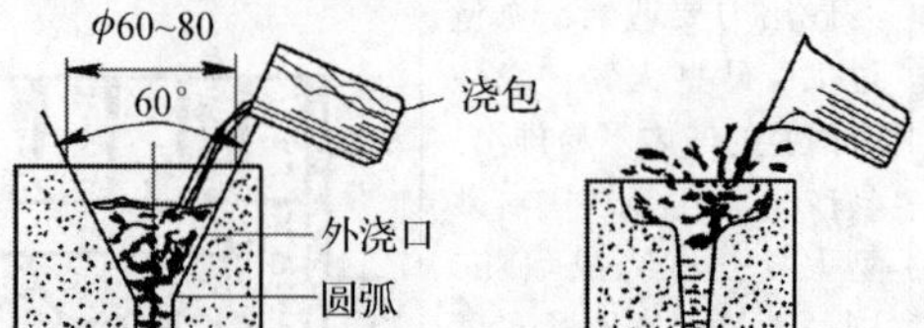 正确　错误 漏斗形外浇口

工序	工序主要内容	简图示意
6. 做合箱线	若上下箱没有定位销，则应在上、下箱打开之前，在砂箱上做合箱线。如箱壁上涂上粉笔灰等，再用划针画出细线。合箱线应位于砂箱壁上两直角边外侧，以保证在 X 与 Y 方向均能定位，并限制砂箱转动	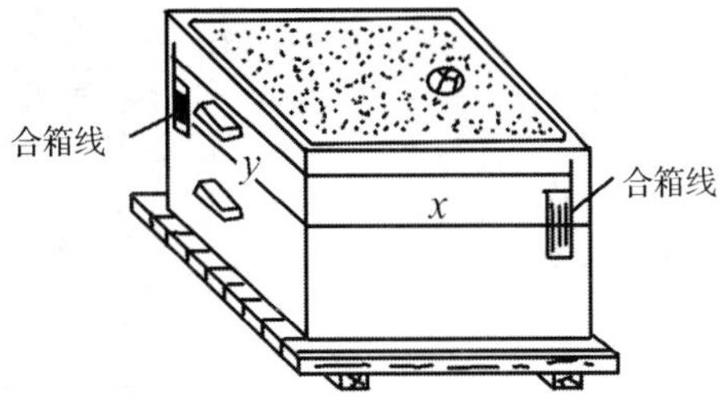 合箱线　Y　x　合箱线
7. 起模	①起模前，用水笔沾少量水，刷在模样周围的型砂上，以增加这部分型砂的强度，防止起模时损坏型腔	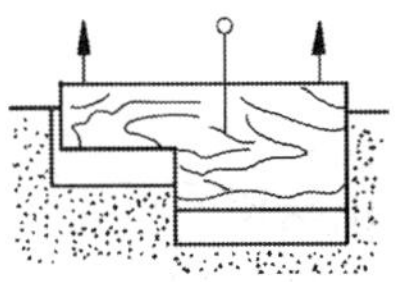 起模针钉在木模重心上，起模平直，型腔完好（正确） 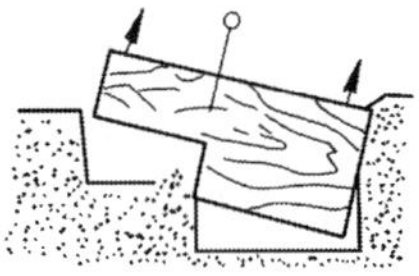　　起模针离木模重心太远，起模倾斜，碰坏型腔（错误）
	②起模时，起模针位置尽量与模样重心垂直线重合。起模前要小心用小锤或敲梆轻轻敲打起模针下部，使模样松动，利于起模	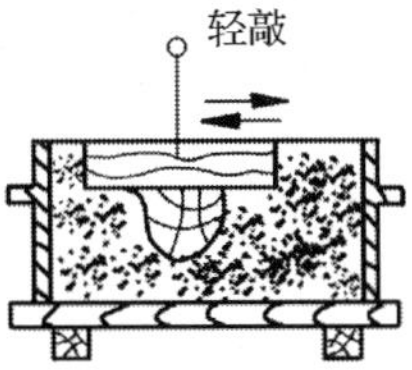 轻敲　　重敲 轻轻敲打，使木模松动（错误） 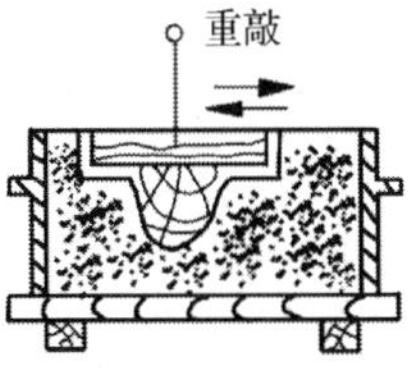　　敲打太重，型腔尺寸过大和开裂（错误）
8. 修型	起模后，型腔若有轻微损坏，应使用修型工具进行修补	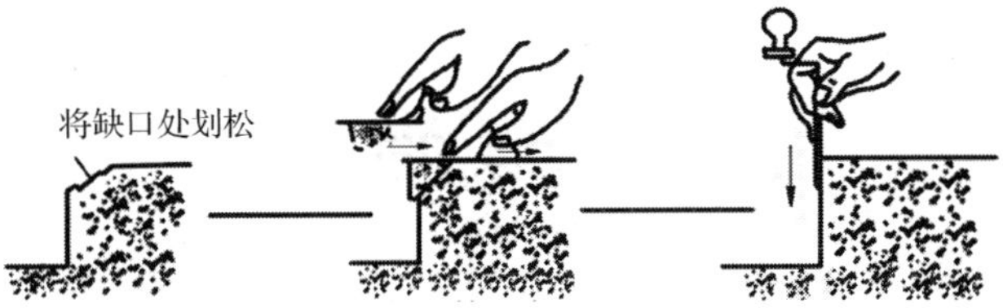 将缺口处划松 手工绣布砂型缺口，将缺口处用镘刀划松　　用镘刀粘上砂子，沿砂子受压方向抹到缺口上，将砂补上　　镘刀向下运动，抹平铅锤壁上得砂
9. 合箱、压箱	合箱时注意保证砂箱水平均匀下降，并对准合箱线，防止错箱。合箱后在上箱框上放压铁，防止浇注时金属液体将上箱顶起	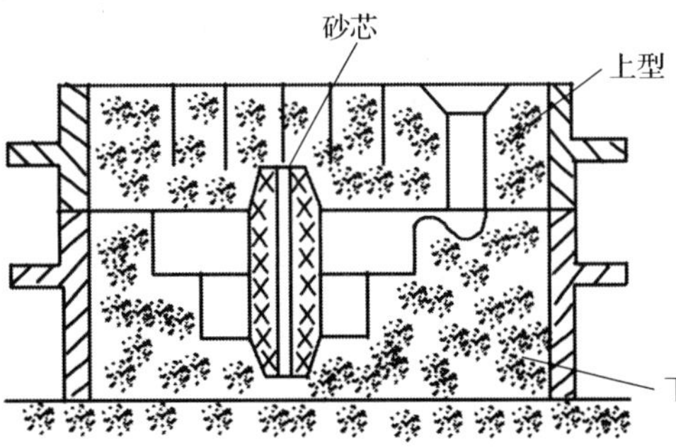 砂芯　上型　下型

（续）

工序	工序主要内容	简图示意
9. 合箱、压箱	合箱时注意保证砂箱水平均匀下降，并对准合箱线，防止错箱。合箱后在上箱框上放压铁，防止浇注时金属液体将上箱顶起	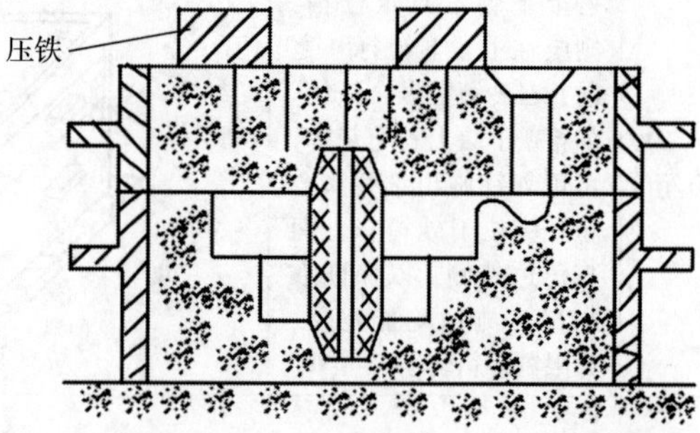 压铁
10. 熔炼浇注	熔炼设备：电阻坩埚炉(a)，浇注材料，铝合金等。 在坩埚等加热炉中将金属原料熔化，并调整其成分至合格，满足铸造生产要求的过程称为熔炼。把金属液体浇入铸型的操作过程称为浇注(b)。浇注前，要依据铸件大小准备浇包，并烘干相关用具，以免带入水分，引起金属液体飞溅。浇包内的金属液体不能太满，浇注时，应先慢，后快，再慢，浇注过程不要断流。浇注时，为了方便挡渣和扒渣，可在浇包表面撒稻草灰和珍珠岩粉	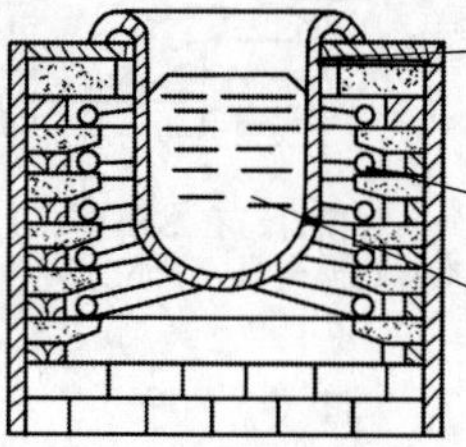 坩埚　电阻丝　金属液体 电阻坩埚炉 (a) 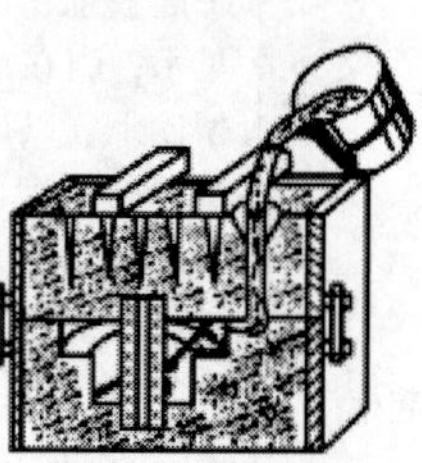　　浇注 (b) 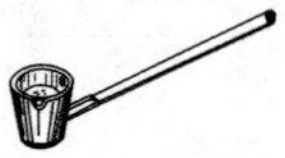 浇注小型铸件用端包 (c) 　浇注中型铸件用抬包 (d) 　浇注大型铸件用吊包 (e)
11. 落砂清理	从砂型中取出铸件的过程称为落砂。将落砂后的铸件上的浇冒口切除、型芯清除，飞边、毛刺和表面粘砂去掉的过程为清理	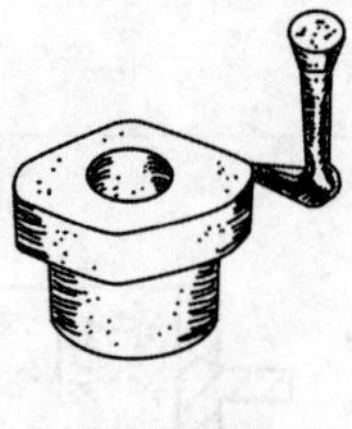 落砂后铸件 (a) 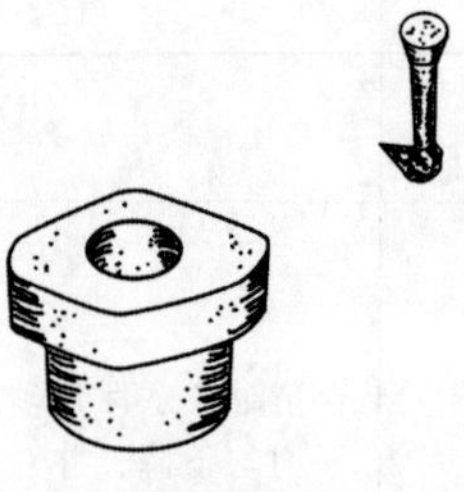　　清理后铸件 (b)

（续）

工序	工序主要内容	简图示意
12. 检验	对清理后的铸件进行质量检验，并依据检验结果做出相应的处理合格铸件（尺寸精度、表面质量、化学成分、力学性能均符合技术要求）进行去应力退火。次品酌情修补，一般采用焊补。废品进行原因分析，提出预防措施	

（6）注意事项

① 在造上型时，若砂箱上没有定位装置，则应在上、下箱打开之前，在砂箱壁上标记合箱线或打泥记号。

② 在合型时，应使上型保持水平下降，并按照定位装置或合型线定位。

2.8　英语阅读材料 No. 3

Casting

Casting is a manufacturing process in which molten metal is poured or injected and allowed to solidify in a suitably shaped mold cavity. During or after cooling, the cast part is removed from the mold and then processed for delivery.

Casting processes and cast-material technologies vary from simple to highly complex. Material and process selection depends on the part's complexity and function, the product's quality specifications, and the projected cost level.

Castings are parts that are made close to their final dimensions by a casting process. With a history dating back 6,000 years, the various casting processes are in a state of continuous refinement and evolution as technological advances are being made.

Sand Casting is used to make large parts (typically iron, but also bronze, brass, aluminum). Molten metal is poured into a mold cavity formed out sand (natural or synthetic).

本章小结

　　铸造是一种充分利用液体流动性质使金属成型的工艺方法，又称为液态成型。铸造可分为砂型铸造和特种铸造两类，其中砂型铸造是应用最为广泛的一种方法。砂型铸造又分为手工造型和机械造型，实习铸工是以手工砂型铸造为主要内容。实习中要严格遵守安全操作过程。砂型铸造型砂及芯砂是制造铸型和型芯的造型材料，它主要由原砂、粘结剂、附加物和水混制成。砂型铸造的基本方式是手工造型，其常用的是整模和分模造型。砂型铸件常见缺陷有：浇不足、黏砂、缩孔等。按照工艺流程，进行造型操作训练。

思考题

    1. 铸造加工的本质是什么？

    2. 整模造型和分模造型的区别是什么？

    3. 手工造型的主要流程和操作安全是什么？

相关链接

    1. 金属铸造 – 百度百科 http：//baike. baidu. com/view/1970484. htm

    2. 金属铸造 – 百度文库 http：//wenku. baidu. com/

铸造实习报告

1. 铸造是一种充分利用_____使金属成型的工艺方法，又称为_____。

2. 型砂及芯砂是制造铸型和型芯的造型材料，它主要由_____、_____、_____和_____混制成。

3. 最常用的手工造型方法有_____造型和_____造型。前者的模样是整体，而后者的模样被分为两半。

4. 填写手工造型基本流程

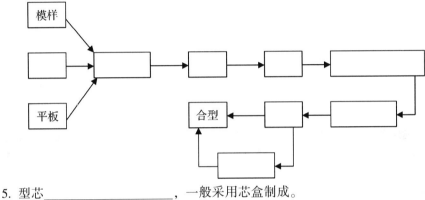

5. 型芯_____，一般采用芯盒制成。

6. 常见的铸造缺陷缩孔容易出现在_____。

7. 翻译下面的段落：

Sand Casting

The traditional method of casting metals is in sand molds and has been used for millennia. Sand casting is still the most prevalent form of casting; in the United States alone, about 15 million tons of metal are cast by this method each year. Typical applications of sand casting include machine bases, large turbine impellers, propellers, plumbing, fixtures, and a wide variety of other products and components.

Basically, and casting consists (a) placing a pattern (having the shape of the desired casting) in sand to make an imprint, (b) incorporating a gating system, (c) removing the patter and filling the mold cavity with molten metal, (d) allowing the metal to cool until it solidifies, (e) breaking away the sand mold, and (f) removing the casting.

翻译：

第 3 章

毛坯加工——锻造加工

[**本章提要**] 本章介绍了锻造加工定义和特点。以自由锻为主，介绍了安全操作规定，基本工艺流程。本章实习内容主要以师傅操作演示和观看录像为主。本章结尾为锻造工艺介绍的英语阅读文献和实习报告。

3.1 锻造加工简介

锻造属于塑性成型加工，也称为压力加工的一种。

锻造的基本原理：锻造是利用工具和设备的共同锻打作用，使原材料发生体积转移，得到所需要的形状的锻件毛坯的工艺，如图 3-1 所示。我们在农村集市上见到的打锄头、镰刀就是人工锻造。

图 3-1 锻造，俗称"打铁"

　　锻造是制造形状较为简单而机械性能要求较高的重要机械零件毛坯的主要方法，它与铸造的优缺点正好互补，如图 3-2 所示，经过揉面一样的反复锻打，原材料内部的原有缺陷如轧钢材和铸锭中的裂纹、疏松等都会被有效的焊合、消除，使钢材变得更加致密，其质量密度稍有提高，可从铸件的 $7.8g/cm^3$ 提高到 $7.85g/cm^3$，组织得到细化，力学性能更为强韧，如图 3-3 所示。

料形状改变但体积不变　　　　捏面人也是一种"锻造"　　　锻造特点像揉面一样反复锻打

图 3-2　锻造加工的特点

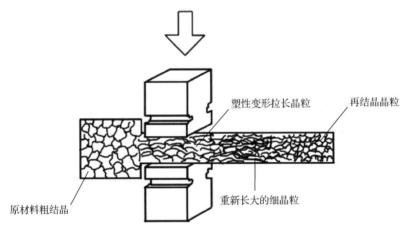

塑性变形拉长晶粒　　再结晶晶粒

原材料粗结晶　　　　重新长大的细晶粒

图 3-3　锻造细化晶粒，改善力学性能

　　在实际工业生产中，重要的机械零件一般都是锻件，如古代的兵器，现代的汽车万向轴，飞机起落架，各种机床的主轴、齿轮，各式武器零件等，如图 3-4 所示。

（a）　　　　　　　　　　　　　　　（b）

图 3-4　各类锻件

（c）　　　　　　　　　　（d）　　　　　　　　　　（e）

图 3-4　各类锻件（续）

（a）龙泉剑　（b）锄头　（c）汽车曲轴　（d）大轴　（e）齿轮

3.2　锻工安全操作规定

锻工安全操作规定如图 3-5 所示。

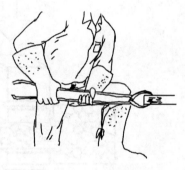

严格按照规定着装，做好防护：带
安全帽、防护手套、脚套

遵守操作规程，夹钳柄要位于身侧，
剁料时严禁站在原料飞出方向

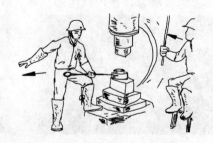

锻件按规定放置，严禁乱放，以免
不知情者烫伤

所有操作人员要相互协调，按规定
给出轻锤、重锤和停止信号

图 3-5　锻工安全操作示意图

3.3　锻造工艺简介

锻造俗称"打铁"，因为常常需要将原材料加热后进行加工，又称为热锻。常用的锻造方法有自由锻、胎模锻和模锻，如图 3-6 所示，其中自由锻是最基本的一种。

金工实习中以自由锻的操作演示为主要内容，其他锻造方法将在课程中介绍。

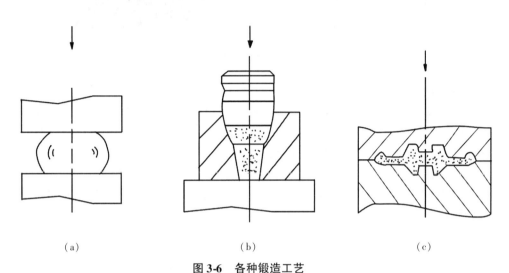

（a）　　　　　　　　　（b）　　　　　　　　　（c）

图 3-6　各种锻造工艺

（a）自由锻（单件，小批量）　（b）胎膜锻（中小批量）　（c）模锻（大批量）

3.4　自由锻工艺过程

以金工实习中所用台钳（图 3-7）的钳口毛坯的锻造过程为例，来说明自由锻基本操作方法及工艺特点。

钳口毛坯的锻造过程为：毛坯下料——毛坯加热——毛坯锻造拔长——毛坯尺寸检测。

（1）下料

如图 3-8 所示，使用锯床、剪床等下料设备，将长的原材料截成合适长度的坯料。锯床下料慢，但锯口平整，质量较高。剪床下料快，但断口不平整。下料质量应考虑烧损和料头损失。

图 3-7　台钳及钳口

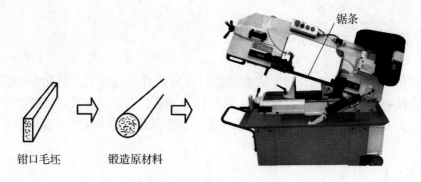

图 3-8　钳口毛坯下料示意图

（2）加热

原材料加热后，强度下降，塑性提高，方可以锻造。加热设备有箱式电阻加热炉、感应加热炉、盐浴加热炉和煤气加热炉等，最常用的是箱式电阻加热炉，如图3-9 所示。加热温度一般为 800~1200℃。

（3）锻造

在常用的自由锻设备（图 3-10）空气锤上进行锻造。为了提高效率，并便于操作，可以用一根较大的原材料同时锻出几个零件毛坯，然后切开。钳口毛坯锻造操作过程如图 3-11 所示。

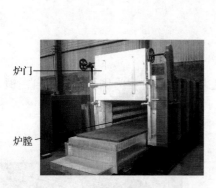

图 3-9　坯料箱式电阻加热炉

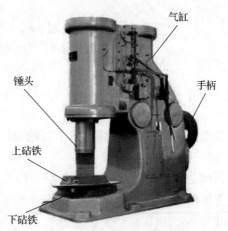

图 3-10　锻造用空气锤

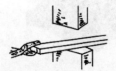

拔长，得到长条形毛坯

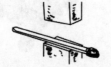

平整，消除弯曲、凸凹

切断，得到锻件

平整，得到最终锻件

图 3-11　钳口锻造过程

（4）检验

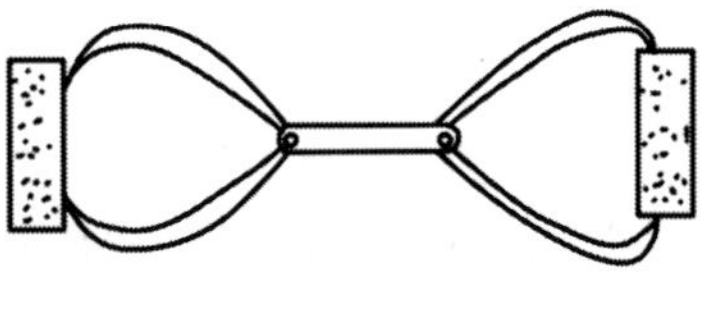

利用如图 3-12 所示卡钳，直尺测量锻件的尺寸公差。卡钳开度可按照锻件的尺寸公差界。

预先调整好，用法就像卡规的同规和止规一样。目测表面各种缺陷。

图 3-12　用卡尺测量锻件

（5）饼形零件的锻造

饼形零件的锻造工艺过程为：镦粗——滚圆——平整，如图 3-13 所示。镦粗时原材料的高度与直径之比应为 1.5~2.5。比值过低，则锻造度不够，起不到细化晶粒、改善力学性能的作用，比值过高，容易出现锻弯和双鼓形。

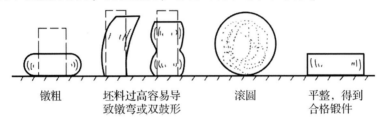

镦粗　　坯料过高容易导致镦弯或双鼓形　　滚圆　　平整，得到合格锻件

图 3-13　饼形零件的锻造工艺

（6）其他自由锻基本工序

自由锻工序很多，除前述的拔长、平整和镦粗外，还有扭转、冲孔、弯曲等。其中拔长、镦粗和冲孔为基本工序，是锻件成型的主要工序，其他为辅助工序。

3.5　英语阅读材料 No. 4

Forging

Forging is an important hot-forming process. It is used in producing components of all shapes and size, from quite small items to large units weighing several tons.

Forging is the process by which metal is heated and is shaped by plastic deformation by suitably applying compressive force. Usually the compressive force is in the form of hammer blows using a power hammer or a press, as shown in Fig. 3-1.

Hand forging tools comprise variously shaped hammers. The base on which the work is supported during forging is the anvil.

本章小结

锻造属于塑性成型加工，也称为压力加工的一种。锻造是制造形状较为简单而机械性能要求较高的重要机械零件毛坯的主要方法，它与铸造的优缺点正好互补，不仅能改变金属材料的形状同时能够改善其机械性能。自由锻是最常用的锻造方法，其工艺过程主要包含镦粗、拔长、扭转、冲孔、弯曲等，还有一些辅助工序。

思考题

1. 锻造加工其特点是什么？
2. 自由锻的主要工艺过程有哪些？

相关链接

压力加工百度百科 http：//baike.baidu.com/

锻造实习报告

1. 锻造的基本原理：＿＿＿＿＿＿＿＿＿＿＿＿＿＿＿＿＿＿＿＿得到所需要的形状的锻件毛坯的工艺。锻造是制造形状较为简单＿＿＿＿＿＿＿＿＿＿重要机械零件毛坯的主要方法。

2. 钳口锻造过程：＿＿＿＿＿＿＿＿＿、＿＿＿＿＿＿＿＿＿和＿＿＿＿＿＿＿＿。

3. 翻译以下段落：

Open-die Forging

Open-die forging is the simplest forging operation. Although most open-die forging generally weigh 15 to 500 kg, forging as heavy as 275 metric tons have been made. Part sizes may range from very small (the size of nail, pin, and bolts) to very large (up to 23 m, long shafts for ship propellers). Open-die forging can be depicted by a solid work piece placed between two flat dies and reduced in height by compressing it, a process that is also called upsetting or flat-die forging. The die surfaces also may have shallow cavities or incorporate features to produce relatively simple forgings.

翻译：

第 4 章

焊接加工

[**本章提要**] 本章介绍了焊接加工定义和特点。以金工实习的主要内容手工电弧焊为例，介绍了安全操作规定；焊接设备、焊接基本工艺流程。本章结尾为手工电弧焊工艺的英语阅读文献和实习报告。

4.1 焊接加工简介

焊接是通过加热或加压，使两个及两个以上分离的金属零件通过原子结合而形成的永久连接的加工方法。焊接一般分为电弧焊、压力焊和钎焊三大类，如图 4-1 ~ 图 4-3 所示。工程训练中主要实习手工电弧焊。

焊接连接成型工艺的优点是连接性能好，工艺简单，实现以小拼大，省工省料，成本低。缺点是不可拆卸，焊缝容易出现焊接质量问题，还容易产生残余应力变形等缺陷，如图 4-4 所示。在焊接方法广泛应用前，金属构件的主要连接形式是铆接。与铆接相比，焊接节省金属、生产率高，质量优良，劳动条件好。目前，工业生产中，焊接已近基本取代了铆接，焊接成为金属构件，如锅炉、桥梁、管线、船舶、汽车等的基本连接方法，如图4-5所示。此外，焊接还可以用于修补铸件、锻件的缺陷和磨损的机器零件。

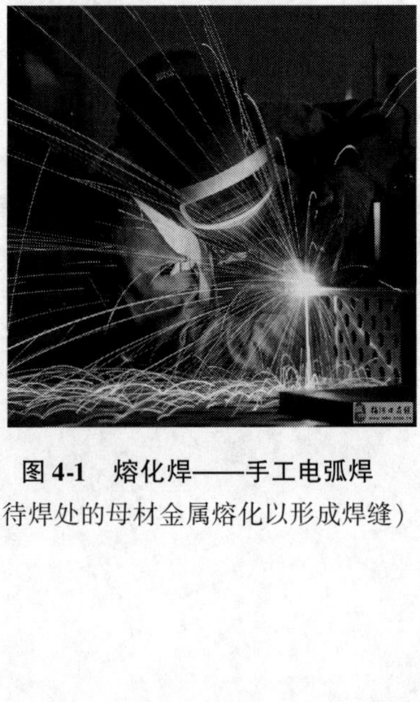

图 4-1 熔化焊——手工电弧焊
（待焊处的母材金属熔化以形成焊缝）

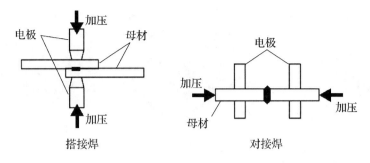

图 4-2　压力焊——电焊

（对焊件施压并加热到塑性或半熔融状态，以完成焊接）

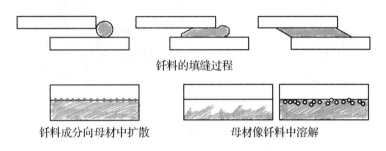

图 4-3　钎　焊

（采用比被焊母材熔点低的金属材料作为钎料，将钎料加热熔化，利用液态钎料润湿母材，并填充间隙与母材相互扩散实现焊接）

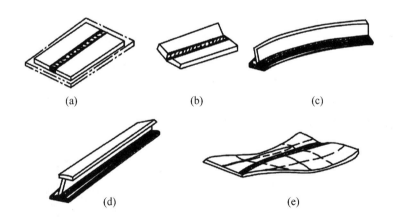

图 4-4　常见焊接变形

（a）纵向和横向收缩变形　（b）角变形　（c）弯曲变形　（d）扭曲变形　（e）波浪形变形

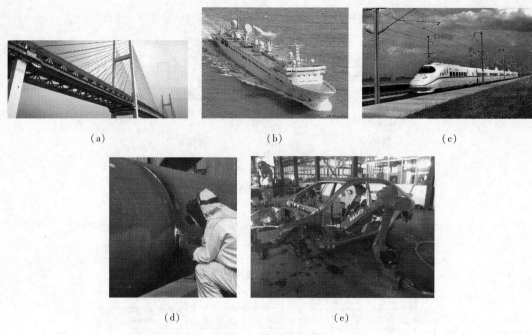

图 4-5　焊接的应用

(a)桥梁　(b)船舶　(c)火车　(d)管线　(e)汽车车体

4.2　手工电弧焊安全操作规定

①焊前检查，电焊机外壳应接地良好。

②操作者应拿面罩、戴电焊手套和穿绝缘鞋，如图 4-6 所示。

③电缆不能破损，裸露。人体不能同时触及焊接两端。

④在手弧焊的场地不能放置易燃易爆物品。

⑤敲渣时注意安全保护，防止焊渣溅伤自己和他人的眼睛和脸部。

⑥不能用手去拿(捏)刚焊好的工件。如图 4-7 所示。

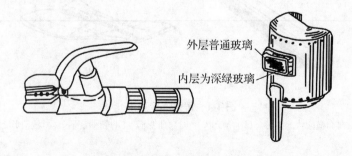

外层普通玻璃

内层为深绿玻璃

图 4-6　手工电弧焊的焊钳和面罩

图 4-7　手工电弧焊操作图

4.3　手工电弧焊简介

手工电弧焊是利用电弧产生的热量来熔化母材和焊条的一种手工操作的焊接方法，简称手弧焊，其原理如图 4-8 所示。

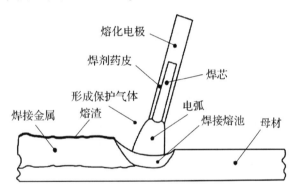

图 4-8　手工电弧焊原理

手弧焊焊接时以电弧作为热源，电弧的温度可达 5000～8000K，其产生的热量与电流成正比，如图 4-9 所示。焊接前把焊钳和焊件分别接到弧焊机输出端的两极，并用焊钳夹持焊条，焊接时首先在焊件和焊条之间引出电弧，电弧同时将焊件和焊条熔化，形成金属熔池。随着电弧沿焊接方向前移，被熔化的金属迅速冷却，凝固成焊缝，使两焊件牢固连接在一起。手弧焊所需的设备

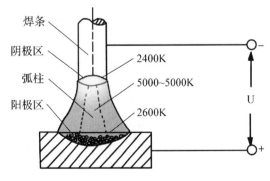

图 4-9　电弧温度

简单，操作方便、灵活，适用于厚度 2mm 以上多种金属材料和各种形状结构的焊接，是目前工业生产中应用最广泛的一种焊接方法，如图 4-10 所示。

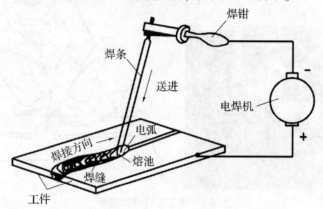

图 4-10　手工电弧焊过程示意图

4.4　手工电弧焊设备及工具

（1）交流电焊机

交流电焊机如图 4-11 所示，供给焊接电弧的电源是交流电。其结构简单，价格便宜，使用可靠，维修方便，工作噪声小。缺点是焊接时电弧不够稳定。在没有特殊要求的情况下，应尽量选用交流电焊机。

（2）直流电焊机

直流电焊机如图 4-12 所示，供给焊接电弧的电源为直流电。其优点是能够得到稳定的直流电，引弧容易，电弧稳定，焊接质量好。缺点是结构较复杂，价格较交流电焊机贵，维修较困难，使用时噪声较大。一般在对焊接质量要求高或薄板、非铁金属、铸铁和特殊钢件的焊接场合使用。

①正接法　焊件接正极，焊条接负极。

图 4-11　交流电焊机

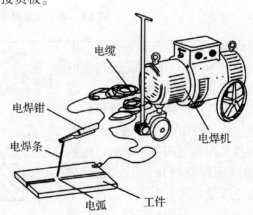

图 4-12　直流电焊机

②反接法 焊件接负极，焊条接正极。反接时焊件温度较低，适合于焊接薄板和非铁金属。如图 4-13 所示。

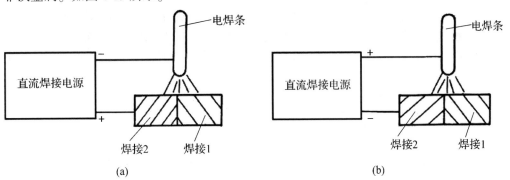

图 4-13 直流电焊接的正、反接法

（a）正接 （b）反接

手弧焊工具如图 4-14 所示。

焊钳：夹持焊
条，传递电流

面罩：保护眼睛、
面部和颈部皮肤，
防止飞溅物和弧光
的灼伤

清渣锤：清除
焊缝表面焊渣焊

钢丝刷：接前清除接头
处锈斑和脏物焊接后清
理焊缝表面及飞溅物

图 4-14 手工电弧焊工具

4.5 电焊条

焊条由焊芯和药皮组成，如图 4-15 所示。焊芯是一根具有一定直径和长度，经过特殊冶金处理的专用金属丝。压涂在焊芯表面的涂料层称为药皮。

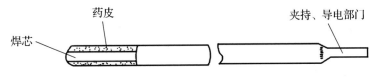

图 4-15 电焊条的组成

在焊条药皮的前端有 45°倒角，便于引弧。焊条的尾部是裸焊芯，便于焊钳夹持和导电。焊条直径（即焊芯直径）通常有 2mm、2.5mm、3.2mm、4mm、5mm、6mm 等规格，其长度 L 一般为 300~450mm。目前因装潢、薄板焊接等需要，手提式轻型小电焊机在市场上问世，与之匹配出现了直径为 0.8mm 和 1mm 的特细电焊条。

焊芯主要起传导电流和填充焊缝的作用，同时可渗入合金。焊芯由特殊冶金的焊条钢拉拔制成，与普通钢材的主要差别在于控制硫、磷等杂质含量和严格控制碳含量，其他合金元素的表示方法与钢号相同，如 H08，H08A，H08SiMn 等。

焊芯表面药皮由多种矿物质、有机物、铁合金等粉末用粘结剂调合制成，压涂在焊芯上，主要起造气、造渣、稳弧、脱氧和渗合金等作用。

4.6　手工电弧焊焊接过程及工艺

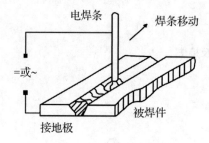

图 4-16　手工电弧焊焊接过程

手工电弧焊焊接过程如图 4-16 所示。

①先将工件和电焊钳接到电焊机的两极上，再用焊钳夹持焊条。

②将电焊条与工件瞬时接触，造成短路。

③迅速提起焊条，使焊条与工件保持约 4mm 的距离，在焊条与工件之间产生电弧。

④电弧热将工件接头处和焊条熔化的同时，形成一个微小的熔池。

⑤焊条沿焊接方向向前移动，新的熔池产生，原来的熔池不断冷却凝固，形成焊缝使分离的工件连接为一体。

手工电弧焊焊接工艺如下。

（1）接头形式

焊接接头形式如图 4-17 所示，其中对接接头是各种焊接中应用最多的一种接头形式。

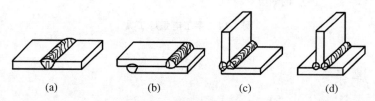

(a)　　　　　(b)　　　　　(c)　　　　　(d)

图 4-17　焊接接头形式

(a)对接接头　(b)搭接接头　(c)角接接头　(d)T形接头

（2）坡口形状

为保证焊透，厚的工件焊前需要把接头边缘加工成一定形状，称为坡口。对接坡口形式如图 4-18 所示。

（3）焊缝空间位置

根据需要，在工件的焊缝位置会有所不同。按照焊缝在空间的位置不同，焊接可分为平焊、横焊、立焊和仰焊等，如图 4-19 所示。

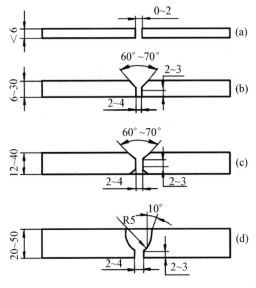

图 4-18　焊接坡口形式

（a）I 形坡口　（b）Y 形坡口　（c）双 Y 坡口　（d）U 形坡口

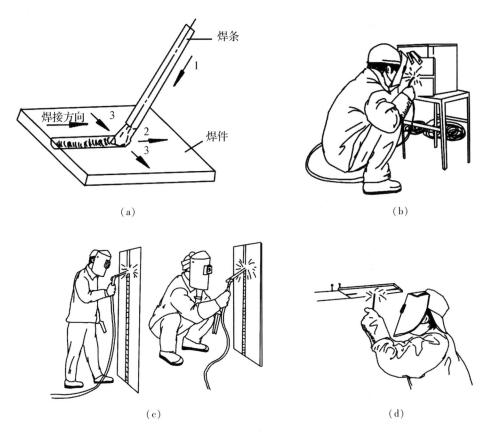

图 4-19　焊接位置

（a）平焊　（b）横焊　（c）立焊　（d）仰焊

（4）焊接操作五步骤

第一步：引弧。引弧时，焊条提起动作要快，否则容易粘在工件上。如果发生粘条，可将焊条左右晃动后拉开。若拉不开，则应松开焊钳，切断焊接电路。引弧方法分为敲击法和划擦法两种，如图4-20所示。划擦法不易粘条，适合初学者使用。

图4-20　引弧方法

（a）敲击法引弧　（b）摩擦法引弧

第二步：运条。运条有三个基本动作，包括向下运动、向前运动和横向摆动，如图4-21所示。焊条横向摆动的形式与用途，如图4-22所示。

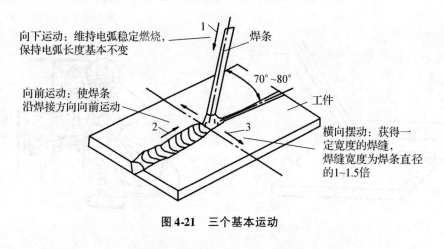

向下运动：维持电弧稳定燃烧，保持电弧长度基本不变

向前运动：使焊条沿焊接方向向前运动

焊条

70°~80°

工件

横向摆动：获得一定宽度的焊缝，焊缝宽度为焊条直径的1~1.5倍

图4-21　三个基本运动

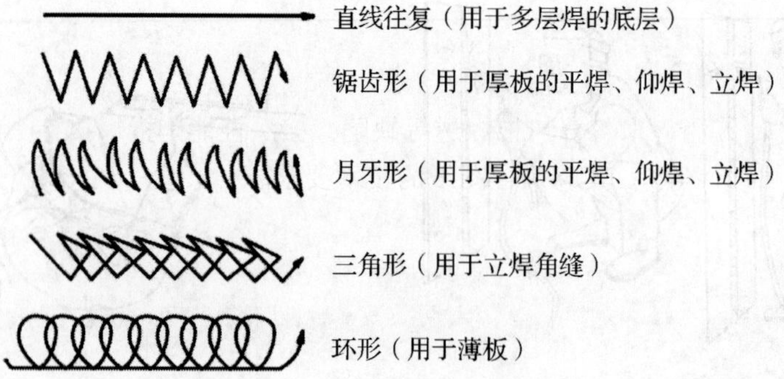

直线往复（用于多层焊的底层）

锯齿形（用于厚板的平焊、仰焊、立焊）

月牙形（用于厚板的平焊、仰焊、立焊）

三角形（用于立焊角缝）

环形（用于薄板）

图4-22　焊条的摆动

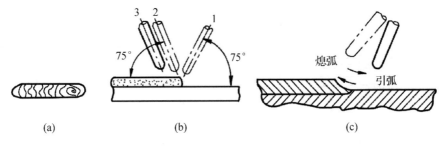

图 4-23　焊条收尾方法

（a）划圈收尾法　（b）反复断弧收尾法　（c）焊条后移收尾法

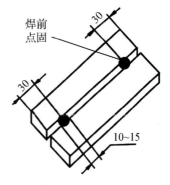

图 4-24　焊接前的焊点固定

　　第三步：收尾。划圈收尾法，即在焊缝结尾处，焊条停止向前移动，同时划圈，直到填满弧坑时，再慢慢提起焊条熄弧。此方法仅适合于焊接厚板、若焊接薄板则容易烧穿。反复断弧收尾法，即当焊条移动至焊缝结尾处时，在较短时间内，熄灭和点燃电弧数次，直到填满弧坑为止。此方法适合于酸性焊条的薄板对接，如图 4-23 所示。

　　第四步：焊前点固。为了固定两工件的相对位置，焊前需要进行定位焊，称为点固，如图 4-24 所示。

　　第五步：焊后清理。焊接完成后用清渣锤、钢丝刷把焊渣和飞溅物等清理干净。

4.7　焊接质量

4.7.1　焊接常见缺陷

　　焊接质量一般包括焊缝的外形尺寸、焊缝的连续性和焊缝的性能等几个方面。一般对焊缝外形和尺寸的要求是：焊缝与母材金属之间应平滑过渡，以减少应力集中，没有烧穿、未焊透等缺陷，焊缝的余高为 0~3mm，不应太大。对焊缝的宽度、余高等尺寸都要符合国家标准或是符合图纸的要求。焊缝的连续性是指焊缝中是否有裂纹、气孔与缩孔、夹渣、未熔合与未焊透等缺陷。接头性能是指焊接接头的力学性能及其他性能（如耐蚀性等），其应符合图纸的技术要求。

　　焊接时由于焊件局部受热，温度分布不均匀，会造成变形。焊接变形的主要形式有纵向变形、横向变形、角变形、弯曲变形和翘曲变形等几种，如前文图 4-4 所示。为减小焊接变形，应采取合理的焊接工艺，如选择焊接顺序或机械固定等方法。焊接变形可以通过手工矫正、机械矫正和火焰矫正等方法予以解决。常见的焊缝缺陷类型及成因见表 4-1。

表 4-1　常见焊接缺陷

缺陷类型	缺陷形状	特征及产生原因
焊缝外形尺寸缺陷	焊缝外形尺寸不符合要求	焊缝表面粗糙，焊缝宽窄不一，焊缝余高过高或过低
夹渣	夹渣	焊后残留在焊缝中的焊渣。焊接电流小，焊接速度过快，熔池温度低使熔渣流动性差，使熔渣残留而来不及浮出。多层焊时层间清理不彻底
咬边	咬边	沿焊趾的焊件母材部位产生的沟槽或缺陷。焊接电流过大，运条角度不合适，焊接电弧过长，角焊缝时焊条角度不正确
裂纹	裂纹	在焊缝表面，热影响区，焊趾，焊道下和根部存在热裂纹与材料含碳、硫、锰、硅、镍等元素有关。冷裂纹与母材碳当量有关。再热裂纹与母材的铬、钼、钒等元素有关
气孔	气孔	残留在焊缝中的气孔焊接位置上有油污，锈渍，水分。焊条药皮受潮电弧过长溶入了气体，焊接中受热分解，溶入熔池凝固时来不及逸出
未焊透	未焊透	接头根部未完全熔透的现象焊接电流小，焊接速度快。坡口角度太小，钝边太厚，间隙太窄。操作时焊条角度不当，电弧吹偏
未熔合	未熔合	焊道与母材、焊道与焊道之间未完全熔化结合焊接电流小，焊接速度快造成坡口表面来不及全部熔化。运条时焊条偏离焊缝中心坡口和焊道表面未清理干净
烧穿	烧穿	熔化金属自坡口背面流出，形成穿孔现象多发生在第一层焊道或薄板对接接头中。焊接电流过大，钝边过薄，间隙太宽。焊接速度太低或电弧停留时间过长
焊瘤	焊瘤	熔化金属流淌到焊缝之外未熔化的母材上形成金属瘤。焊工操作不熟练，运条角度不当。焊接电流和焊接电弧电压过大或过小

4.7.2　焊接工件质量检验

通常有两类焊缝质量检验方法，一类是非破坏性检验，包括外观检验：即用肉眼、低倍放大镜、样板等检验焊缝外形尺寸和表面缺陷(如裂纹、烧穿、未焊透等)；密封性检验或耐压试验，对于一般压力容器，如锅炉、化工设备及管道等设备要进行密封性试验，如根据要求进行耐压试验。耐压试验有水压试验、气压试验、没有试验等；无损检测，如用磁粉、射线或超声波检测等方法检验焊缝内部缺陷。另一类是破坏性试验，包括力学性能试验、金相检验和耐压试验等。

4.8　手工电弧焊实习训练

(1)训练目的

①了解手工电弧焊安全操作规程。

②能够正确调整、使用手工电弧焊设备和工具。

③掌握焊接参数的选择。

④掌握电弧焊的引弧操作和运条基本方法。

⑤能够进行焊接的起头、收尾和接头的基本操作。

⑥了解焊接缺陷以及产生原因。

(2)作业件及要求

①低碳钢板两块，150mm×400mm×(4~6)mm。

②要求：沿长边进行平焊对接。正确引弧、运条。正确运用焊道起头、运条、连接和收尾。正确使用焊接设备和工具。

③焊件质量要求：表面质量，应是原始状态，不允许有加工或修补，焊缝表面不允许有夹渣、气孔和焊瘤等缺陷。焊缝外观上没有引弧痕迹，焊道起头和连接基本平滑，无局部过高，收尾处无弧坑，焊缝无脱节现象，焊缝鱼鳞状波纹光滑美观，焊缝与母材之间圆滑过渡。

(3)工艺分析

①焊条选择：低碳钢一般选用 E4303 酸性焊条。

②焊条直径选择：依据板厚选取，选择直径 4mm 的焊条。

③焊接电流确定：依据焊条直径，选择焊接电流为 200A 左右。

④焊条角度：引弧后，应使焊条保持前后垂直，与焊接方向成 70°~80°，如图 4-25 所示。

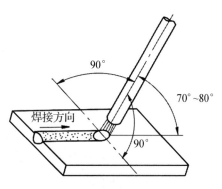

图 4-25　平敷焊焊条角度

（4）加工重点难点分析

①调试正确的焊接参数。

②保证焊缝均匀一致。要求焊接过程中的送进动作、横向摆动和向前移动动作的协调，才能保证焊缝的均匀一致。

（5）加工前准备

①试件材料 Q235，尺寸：长 100mm，宽 50mm，厚 2mm。

②焊条：E4303 酸性焊条，在干燥箱中 75～150℃ 烘焙，1～2h。

③焊接设备：交流电焊机（b×1－200）。

④焊接工具与防护品：焊钳、防护服、电弧手套、护脚套、防护面罩。

⑤辅助工具：敲渣锤、錾子、锉刀、钢丝刷等，如前文图 4-14 所示。

（6）焊接操作

①安全检查：检查各处接线是否正确，牢固可靠。启动焊机，检查运行是否正常，并选择合适电流。检查焊条是否合格。穿戴好防护服等。

②焊接操作

◆备料：划线，用剪板机下料，校正。

◆选择及坡口加工：钢板较薄，不用开坡口即能焊透。

◆焊前清理：用钢丝刷或砂纸清除焊缝周围的铁锈、油污和水分。

◆装配、点固：将钢板放平、对齐在工作台上，留 1～2mm 间隙。点固，焊后除渣。装配与点固如图 4-26 所示。

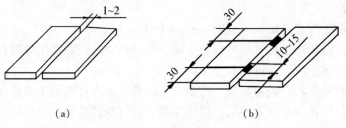

（a）   （b）

图 4-26　装配与点固

（a）装配间隙　（b）点固

◆焊接：先焊点固的反面，使熔池大于板厚的一半，焊后除渣。然后翻转 180°，焊另一面，熔池也大于板厚的一半，焊后除渣，如图 4-27 所示。

◆焊后清理：用清渣锤、钢丝刷清理熔渣和飞溅物，清理后焊件如图 4-28 所示。

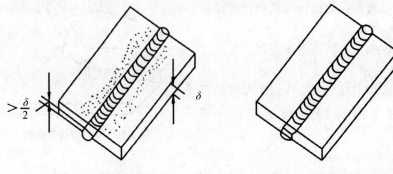

图 4-27　两面焊接　　　　　　　**图 4-28　清理后的焊件**

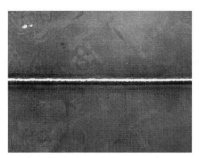

图4-29 焊件焊缝实物展示

◆检验：按照图纸要求进行外观检验或探伤检验。焊件焊缝实物如图4-29所示。

(7)容易产生的问题及注意事项

①引弧不燃：可能是未送电；电缆线折断；没有形成焊接回路；焊条没有夹持好，焊条与焊件接触时间太短等。

②粘条的原因及防治措施：焊条提起太慢，焊条端部熔化，就会与工件粘在一起，即粘条。发生粘条现象应迅速断开，时间长了容易烧坏焊机。握着焊钳左右摇摆几下，即可脱开。如果不能脱开，立即从焊钳上取下焊条，待冷却后用扳手将焊条取下。

③焊道起头、接头和收尾注意事项：起头时，为减少气孔，可将前几滴熔滴甩掉。采用跳弧焊即电弧有规律地瞬间离开熔池，将熔滴甩掉。接头时，注意观察焊坑，可将前焊道尾部焊渣清除后再进行接头焊接。收尾时，采用圆圈法和反复断弧法结合使用。

④安全提示：敲渣时，应戴护目镜或面罩，以免焊渣溅入眼睛或灼伤皮肤。调节电流时，应在焊机空载状态下。不能乱放焊条。焊钳不得漏电。不能赤手更换焊条，以免触电。实习完毕，切断电源，收拾好工具及防护服，清理场地。

4.9 虚拟仿真焊接

焊接是一项对过程要求很高的工作，需要焊工有扎实的操作手法、规范的动作。在焊接实训过程中传统方式存在以下多种问题：消耗大量的焊条(丝)、焊件等材料；培训过程难以准确掌握；焊接水平难以评价；环境污染严重，有害健康。

在计算机网络化发展的今天，虚拟仿真焊接训练正在成为一种先进的培训模式，得到广泛的认可和应用。现以捷安高科研制的JVR-WD3000型虚拟焊接综合仿真实训系统进行介绍，如图4-30所示。

该系统采用传感器技术、人体工程学技术、3D仿真技术等先进技术，与传统的焊接技艺教学有机地融合

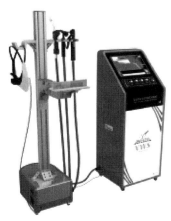

图4-30 JVR-WD3000型虚拟焊接综合仿真实训系统

在一起，实现了灵活、高效、安全、节约、绿色无污染的虚拟焊接培训教学与考核新方案，是危险作业的最佳教学方法。

通过虚拟焊接实训系统，学生不仅可以获得与传统实训相同的操作经验，同时还能通过合理明晰的焊接知识讲解，获得可以量化的精确焊接技能培训。大幅度提升学生实训的方向性和目的性，缩短学习时间。达到以低成本、低投入实现"精教、精学、精炼"的焊接实训目的。

JVR-WD3000 型虚拟焊接综合仿真实训系统采用网络分布式架构。其一包含以下几个重要子系统：数据服务器子系统，教师管理机子系统，观摩子系统，虚拟焊接实训设备子系统若干。各子系统通过无线或有线局域网系统连接在一起，进行必要的数据传输和交换。其中虚拟焊接实训设备子系统是学员进行焊接实训训练的主要操作设备，由多功能焊接工作台、主设备柜、触摸式交互屏、电焊钳（枪）、移动视景设备等组成。虚拟焊接设备可以根据需要配置若干台，如图 4-31 和图 4-32 所示。

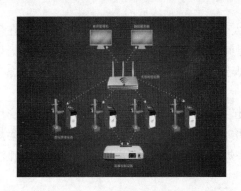

图 4-31　虚拟焊接系统拓扑图

图 4-32　虚拟焊接实训设备组成图

学生在练习时，通过主设备柜上方的触摸式交互屏进行演练任务选择、焊机参数设定后，可以佩带移动视景设备并手握焊枪进行焊接演练，系统会自动采集学生操作姿态并根据焊接数值模拟技术实时的通过移动视景设备在学生视野内呈现焊接过程中的各种焊接现象，如：火花飞溅、电弧闪烁、焊缝的生成与冷却等。通过对焊接过程的逼真模拟，学生可以像操作真实焊接设备一样获取焊接操作的实际经验和技能。练习结束后，系统可自动生成任务报告，对学生的操作进行综合评估打分。

该系统可以支持初、中、高三种标准的自演练模式、训练模式、考试模式。适用焊接方法二氧化碳气体保护焊、焊条电弧焊、TIG 氩弧焊。可支持板板、T 接、管管、管板等母材形状。适用平焊、横焊、立焊、仰焊、斜45°等焊接位置。支持 I 型、V 型、骑座式(管板)、插入式(管板)坡口类型。支持碳钢、铝、不锈钢等母材。支持多种板厚和多道焊接。支持蹲、坐、站等姿势。

一个标准的任务演练过程共包括五步：选择任务、设备检测、调整参数、实施焊接和任务报告。调整参数后，进入实施焊接页面，学生佩戴眼睛视镜，手持焊枪进行任务演练。在自演练和训练模式下，学生可以开启"显示帮助"复选框，系统将在焊接过程中通过颜色箭头、语音等对焊接操作错误的情况给予提醒帮助。

焊接过程中观摩学生可以通过不同的观察视角观察摩焊接过程，固定视角：垂直 90°视角、右视 45°视角、左视 45°视角；自由视野：可以通过触摸屏上的按键调整到任意观察位置；追踪视角：可以根据操作人员的视角变化变换到相应位置。可以查看任务信息和工艺参数信息。可以查看任务操作时间，焊枪实时角度、高度、速度等信息。

焊接过程中以及焊接完成后可看到高逼真焊接特性：电弧、熔池、焊缝鱼尾纹成型，冷却荧光，板材高温冷却颜色变化，焊缝两侧高温氧化颜色变化、行宽、余高、飞溅颗粒、药皮、气孔、裂纹、夹渣等。

电弧焊焊接过程中实物焊条与场景中焊条同步缩短，并能更换焊条。二保焊、氩弧焊有提前送气和滞后收气的过程。氩弧焊焊枪枪头与真实焊枪一致可掰动一定角度，满足焊接训练需求。

可进入自动焊接模式，做规范焊接演练教学。演练过程中，各种评分参数曲线会动态显示在下方的参数曲线绘制窗口中，供教师或其他人进行实时观摩评判。

对于焊条电弧焊，焊接完成后可以操作"去药皮"按钮，对焊接的焊缝进行去渣，查看实际的焊缝效果。

整个焊接过程视景采用立体渲染技术（视景 3D 效果），然学生可以对焊接过程达到身临其境的感觉，增长焊接过程和积累实操经验，如图 4-33 所示。

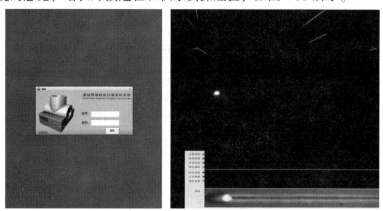

图 4-33　逼真的熔池及温度场效果截图

4.10　其他常用焊接方法简介

4.10.1　埋弧焊

焊接中电弧在焊剂层下燃烧进行焊接的方法称为埋弧焊。埋弧焊焊接过程如图 4-34 所示。埋弧焊的特点主要是：①焊接电流大，效率高。②焊缝的保护性好，焊缝质量优于焊条电弧焊。熔深大，节省开坡口的能量和焊丝用量。③无飞溅，消除了焊条电弧焊因换焊条而产生的缺陷。④机械化操作，减轻劳动强度。⑤电弧在焊剂作

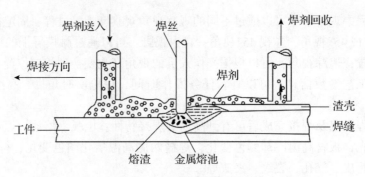

图 4-34　埋弧焊焊缝成形过程

用下，避免了弧光和减少了粉尘对操作者的有害影响。一般适用于水平位置焊接长直焊缝或较大直径的环状焊缝的批量生产。

4.10.2　氩弧焊

氩弧焊分为钨极氩弧焊和熔化极氩弧焊。钨极氩弧焊用高熔点的钨作为电极材料，焊接中不熔化，在焊接中的主要作用是产生电弧及加热熔化焊件和焊丝，并形成焊缝，如图 4-35 所示。熔化极氩弧焊则是采用焊丝作为电极，在焊接中不断熔化。焊接中，氩气是保护性气体，氩气从喷嘴中送出，在电弧周围形成保护区，使空气与电极、熔滴和熔池隔离开来，保证焊接的正常进行。氩弧焊的主要特点是：①保护性好，焊缝质量高，电弧稳定，飞溅小，无焊渣，成型美观。②使用明弧便于操作自动化。③电弧热量集中，热影响区小，焊件变形小。④氩气有冷却作用，可进行全位置焊接。氩弧焊适合于各类金属的焊接。但是氩气价格比较贵，常用特殊性能钢、铝、铜、镁、钛及其合金和稀有金属的焊接。

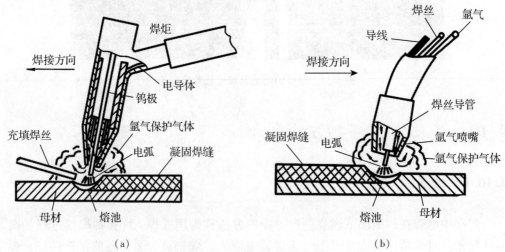

（a）　　　　　　　　　　　　　　　　　（b）

图 4-35　钨极氩弧焊过程

（a）非熔化极氩弧焊　（b）熔化极氩弧焊

4.10.3 CO₂ 气体保护焊

CO₂ 气体保护焊有自动焊和半自动焊，它是以 CO₂ 为保护气体的电弧焊，焊接中焊丝与焊件一同熔化形成焊缝，如图 4-36 所示。焊丝通过送丝机构导电嘴送入焊接区，CO₂ 气体从喷嘴内喷出，在电弧周围形成气罩保护区，防止空气侵入，保证焊接正常进行。CO₂ 气体保护焊的特点是：①CO₂ 气体对铁锈敏感性低。②CO₂ 气体对电弧有冷却作用，使电弧热比较集中，焊接变形小。③焊接电流大，生产效率高。④CO₂ 气体保护焊是明弧焊接，易于观察和控制。但是气流容易有干扰，不适合在户外使用。焊接结构钢时，一般采用 H08Mn2SiA 焊丝。CO₂ 气体保护焊适用于低碳钢和普通低合金钢的焊接。由于 CO₂ 气体是氧化性气体，焊接中会使部分金属元素氧化烧损，因此，不适合于焊接高碳钢和有色金属。

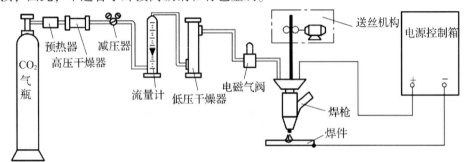

图 4-36　CO₂ 气体保护焊设备示意图

4.10.4 电阻焊

电阻焊是将工件组合后，通过电极施加压力，利用电流通过接头的接触面及邻近区域产生的电阻热进行焊接的方法。电阻焊一般有点焊、缝焊和对焊三种。

电阻点焊是焊件装配成搭接接头，并压紧在两电极之间，利用电阻热熔化（半熔化或塑形状态）母材金属，形成焊点的电阻焊方法，如图 4-37 所示。按一次形成的焊点数，分为单点点焊和多点点焊。点焊适合于焊接板厚小于 4mm 以下的薄板，冲压结构件及钢筋结构件，在汽车、飞机制造中广泛应用。

缝焊是将焊件装配成搭接接头或对接接头并置于两滚轮电极之间，滚轮加压工件并转动，连续或断续送电，形成一条连续焊缝的电阻焊方法，如图 4-38 所示。缝焊适合焊接要求密封性好，壁厚小于 3mm 以下的容器，如汽车油箱，管道等。

对焊是将两个焊件端面相互接触，利用焊接电流加热，然后加压完成焊接的电阻焊方法，如图 4-39 所示。对焊分为电阻对焊和闪光对焊。电阻对焊是将焊件装配成对接接头，使两端紧密接触，利用电阻热加热至塑性状态，然后迅速施加顶锻力完成焊接的方法。闪光对焊是将焊件装配成对接接头，接通电源，使其端面逐渐移近达到

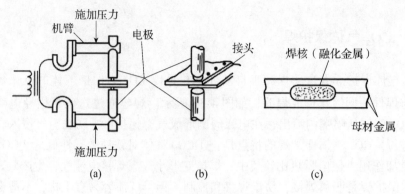

图 4-37　电阻点焊示意图

(a)典型点焊电路　(b)点焊接头　(c)过点焊截面图

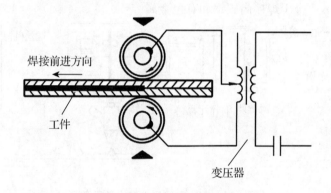

图 4-38　缝焊示意图

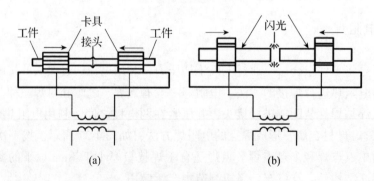

图 4-39　对焊示意图

(a)电阻对焊　(b)闪光对焊

局部接触，利用电阻热加热这些接触点产生闪光，使端面金属熔化，直至端部在一定深度方位内达到预定温度时，迅速施加顶锻力完成焊接的方法。对焊生产率高，易于实现自动化。广泛用于刀具、管子、钢轨、万向轴壳，连杆和汽车后桥壳体的焊接。

4.11 英语阅读材料 No. 5

Arc Welding

Arc Welding processes use a welding power supply to create and maintain an electric are between an electrode and the base material to melt metals at the welding point. They can use either direct (DC) or alternating (AC) current, and consumable or non-consumable electrodes. The welding region is sometimes protected by some type of inter or semi-inter gas, known as a shielding gas, and filler material is sometimes used as well.

Shielded metal are welding: One of the most common types of arc welding is shielded metal arc welding (SMAW), which is also known as manual metal arc welding (MMA) or stick welding . Electric current is used to strike an arc between the base material and consumable electrode rod, which is made of steel and is covered with a flux that protects the weld are from oxidation and contamination by producing CO_2 gas during the welding process. The electrode core itself acts as filler material, making a separate filler unnecessary. The process is very versatile, requiring little operator training and inexpensive equipment. However, weld times are rather slow, since the consumable electrodes must be frequently replaced and because slag, the residue from the flux, must be chipped away after welding. Furthermore, the process is generally limited to welding ferrous materials, though speciality electrodes have made possible the welding of cast iron, nickel, aluminium, copper and other metals. The versatility of the method makes it popular in a number of applications, including repair work and construction.

本章小结

　　焊接是通过加热或加压，使两个及两个以上分离的金属零件通过原子结合而形成的永久连接的加工方法。焊接一般分为电弧焊、压力焊和钎焊三大类。与铆接相比，焊接节省金属、生产率高，质量优良，劳动条件好。目前，工业生产中，焊接已近基本取代了铆接，焊接成为金属构件如锅炉、桥梁、管线、船舶、汽车等的基本连接方法。手工电弧焊是焊接中最常用的方法，可采用交/直流焊机，配合相关电焊条，通过五个基本步骤完成。焊接质量至关重要，常通过非破坏性和破坏性实验进行检验。结合计算机网络化的发展，本章还介绍了虚拟仿真焊接训练模式。

思考题

　　1. 焊接的三大种类是什么？
　　2. 手动电弧焊的基本步骤是什么？

相关链接

1. 焊接百度百科 http：//baike. baidu. com/view/27224. htm
2. 焊接技术百度百科 http：//baike. baidu. com/view/882557. htm
3. 中国焊接网 http：//www. chinaweld. com. cn/

焊接实习报告

1. 焊接一般分为＿＿＿＿＿＿、＿＿＿＿＿＿和＿＿＿＿＿＿三大类。

2. 手工电弧焊是＿＿＿＿＿＿＿＿＿＿＿＿＿＿＿的一种手工操作的焊接方法，简称手弧焊。

3. 手工电弧焊过程示意如图4-40所示。请填写1~7的含义。

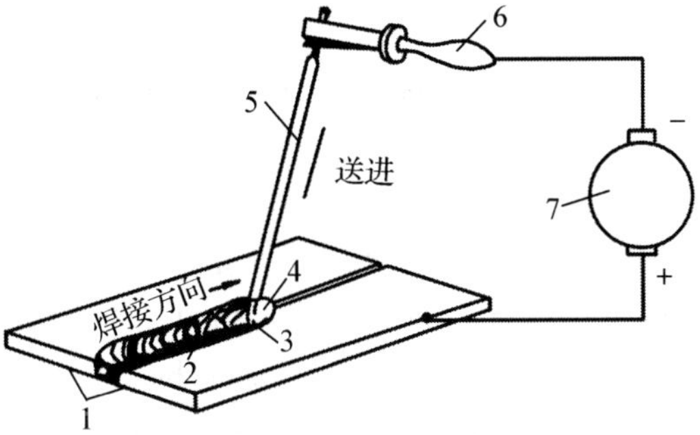

图 4-40　焊接过程示意图

1—　　　　　2—　　　　　3—　　　　　4—　　　　　5—

6—　　　　　7—

4. 电弧焊机有＿＿＿＿＿＿＿＿＿和＿＿＿＿＿＿＿＿＿两种。我们实习采用的是＿＿＿＿＿＿＿＿焊机。

5. 请填写电焊条图4-41的组成：

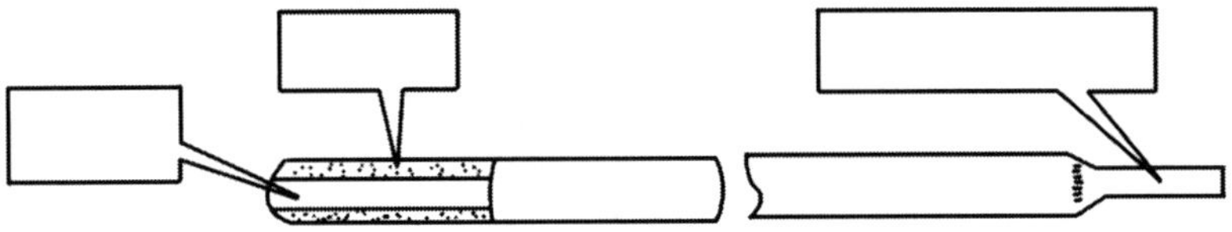

图 4-41　焊条结构示意图

6. 画简图表示熔化焊对接接头和 Y 形坡口形式。

7. 焊接的空间位置可分为＿＿＿＿＿、＿＿＿＿＿、＿＿＿＿＿和＿＿＿＿＿四种。

8. 手工电弧焊接操作五步骤：＿＿＿＿＿、＿＿＿＿＿、＿＿＿＿＿、＿＿＿＿＿和＿＿＿＿＿。

9. 我们实习所用焊条的选择：直径 _____ mm。焊接电流确定采用 _____ A。

10. 埋弧焊是 _____ 的方法。氩弧焊分为 _____ 和 _____ 两种。电阻焊分为 _____、_____ 和 _____ 三种。CO_2 气体保护焊是以 _____ 为保护气体的电弧焊。

11. 翻译以下段落：

Joining Processes

When inspecting various common products, note that some products, such as paper clips, nails, steel balls for bearings, staples, screws and bolts, are made of only one component. Almost all products, however, are assembled from components that have been manufactures as individual parts. Even relatively simple products consist of at least two different components joined by various means. For example, (a) some kitchen knives have wooden or plastic handles that are attached to the metal blade with fasteners; (b) cooking pots and pans have metal, plastic, or wooden handles and knobs that are attached to the pot by various methods; (c) the eraser of an ordinary pencil is attached with a brass sleeve.

On a much larger scale, observe power tools , washing machines, motorcycles, ships, and airplanes and how their numerous components are assembled and joined so that they not only can function reliably, but also are economical to produce.

Joining is an all-inclusive term covering processes such as welding, brazing, soldering, adhesive bonding, and mechanical fastening.

翻译：

第 5 章

钳工加工

[**本章提要**] 本章介绍了钳工的特点。针对工程训练的主要内容，介绍钳工的工作台和工件的安装，基本钳工工作包括划线、锯切、锉削、螺纹加工及装配等。最后，介绍了钳工实习训练的步骤。本章结尾配有钳工的英语阅读文献。

5.1 钳工加工简介

钳工是手持工具对金属进行加工的方法。基本操作有划线、錾削、锯切、锉削、钻孔、铰孔、攻丝、套扣、刮研及研磨等。这些操作大多是在虎钳上进行的。钳工的工作还包括对机器的装配和修理。其应用范围包括：加工前的准备工作，如清理毛坯，在工件上划线等；

在单件或小批生产中制造一般零件；加工精密零件，如样板，磨具的精加工，刮研或研磨机器和量具的配合表面等；装配、调整和修理机器等。钳工工具简单，操作灵活，可以完成用机器加工不方便或难以完成的工作。因此尽管钳工大部分是手工操作，劳动强度大，对工人的技术要求较高，但在机械制造和修配工作中仍是不可或缺的重要工种。

5.2 钳工实习安全注意事项

①进入实习场地要着工作装，袖口、衣襟要扎紧，女生要戴好工作帽，不允许穿拖鞋或凉鞋，如图 5-1 所示。

②保持良好的教学秩序。常用工具、量具个人管理，责任到人。锉刀不允许叠放，所有工具、量具规范使用，不得挪作他用，如图 5-2 所示。

③不得使用无手柄的锉刀、刮刀等。如果发现手柄有问题要立即向实习指导教师反映。

④工件夹紧在钳口要牢固，装夹小而薄的工件时要小心，以免夹伤手指。

⑤一切工具、量具安放要稳当，不要伸出桌外，以免受震动或碰调后摔坏。

⑥锯削时用力要均匀，不能重压或强扭。工件快断时用力要小。

⑦钻孔时不允许戴手套操作机床，女生要戴好工作帽，要在实习指导教师指导下安装不同工件，不同的孔径选择不同的紧固方式，如图5-3所示。

⑧拆装工件时使用扳手、改锥等用力不得太猛，以免打滑造成工伤。

⑨保持良好的操作实习环境，每天下班前要清理工作场地。

图5-1　钳工实习着装　　　　图5-2　工具摆放　　　　图5-3　钻孔操作

5.3　钳工工作台和虎钳

钳工工作台如图5-4所示，一般是用坚实木材制成，也有用灰铸铁件制成的，要求牢固和平稳，台面、高度为800～900mm，其上装有防护网，其作用是用来安装台虎钳和存放夹具、量具等工具。虎钳如图5-5所示，是夹持工件的主要工具，其大小用钳口的宽度表示，常用的为100～150mm。虎钳有固定式和回转式两种，松开回转式虎钳的夹紧手柄，虎钳便可在底盘上转动，以变更钳口方向，便于操作。使用虎钳应注意：工件应夹在钳口的中部，以使钳口受力均匀；当转动手柄来夹紧工件时，手柄上不准套上管子或用锤敲击，以免虎钳丝杠或螺母上的螺纹损坏；夹持光洁表面时应垫铜皮加以保护。

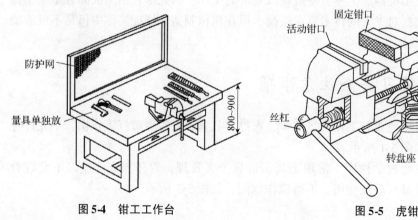

图5-4　钳工工作台　　　　　　　　　图5-5　虎钳

5.4　划线

5.4.1　划线工具及其用法

划线是根据图纸的要求在毛坯或半成品上划出加工界线的一种操作。划线的作用是：划好的线作为加工工件或安装工件的根据；在单件和小批生产中借划线来检查毛坯的形状和尺寸，并合理分配各加工表面的余量。划线分为：平面划线——在工件的一个平面上划线；立体划线——在工件的几个表面划线，亦即在长、宽、高三个方向上划线，如图5-6所示。

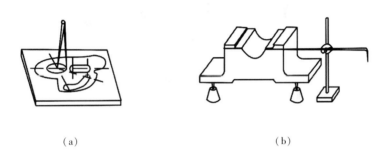

（a）　　　　　　　　　　　　　（b）

图 5-6　划线

（a）平面划线　（b）立体划线

划线平板如图 5-7 所示，是划线的基准，由铸铁制成，其上平面是划线用的基准平面，所以要求非常平直光洁，平板要安放牢固，上平面应保持水平，以便稳定地支承工件。平板不准碰撞和用锤敲击，以免使其精度降低。平板若长期不用时应涂油防锈并用木板护盖。

常用划线工具如图 5-8 所示，划针是用来在工件表面划线，划规是平面划线作图的主要工具，划线常用的量具有钢尺、高度尺（钢尺与尺座组成）及直角尺。样冲即中心冲是用来在工件上打出样冲眼，以备所划的线模糊后仍能找到原线位置，在划圆和钻孔前也应在其中心打定中心样冲眼。如图5-9是划针和划规的使用。划针盘是立体划线的主要工具。划针盘和高度游标卡尺的使用如图5-10所示，调节划针到一定的高度并在平板上移动划针盘，即可在工件上划出与平板平行的线来。此外还可用划针盘对工件进行找平。高度游标卡尺是由高度尺和划针盘组合而成，是精密工具，用于半成品（光坯）划线，不允许划毛坯，要防止碰坏硬质合金划线脚。

千斤顶如图 5-11 所示，是在平板上支承较大及不规则工件用的，其高度可以调整，以便找正工件，通常用三个千斤顶支承工件。V 形铁如图 5-12 所示，用于支承圆柱形工件，使工件轴线与平板平行。方箱如图 5-13 所示，用于夹持较小的工件，方箱上各相邻的两面均相互垂直，通过翻转方箱便可在工件表面上划出相互垂直的线来。

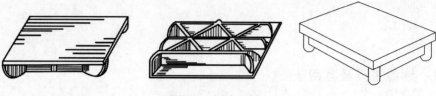

图 5-7 划线平板

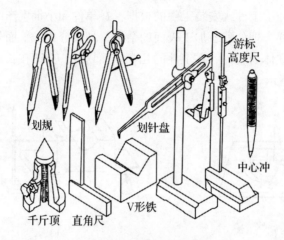

图 5-8 常用划线工具

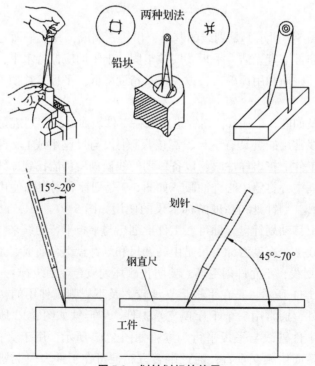

图 5-9 划针划规的使用

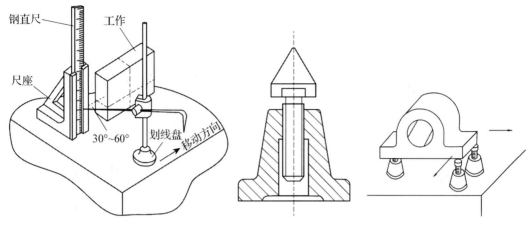

图 5-10　划线盘和高度游标卡尺的使用　　　　图 5-11　千斤顶及应用

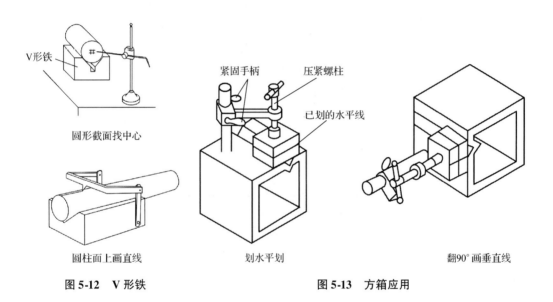

图 5-12　V 形铁　　　　　　　　图 5-13　方箱应用

5.4.2　划线基准及注意事项

用划针盘划各水平线时应选定某一基准作为依据，并以此来调节每次划线的高度，这个基准称为划线基准。一般选重要孔的中心线为划线基准，或选零件图上尺寸标注基准线为划线基准。若工件上个别平面已加工过，则应以加工过的平面为划线基准。图 5-14 是以两个相互垂直的平面(或线)为基准。图 5-15 是以一个平面(或直线)和一条中心线为基准。零件高度方向的尺寸是以底面为依据，宽度方向的尺寸对称于中心线。因此，在画高度尺寸线时应以底平面为尺寸基准，划宽度尺寸线时就以中心线为尺寸基准。图 5-16 是以两条相互垂直的中心线为基准。零件两个方向尺寸与其中心线具有对称性，并且其他尺寸也是从中心线开始标注。因此在画线时应选择中心十字线为尺寸基准。

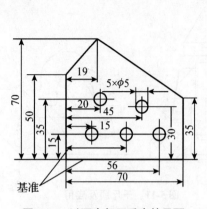

图 5-14　以两个相互垂直的平面
（或线）为基准

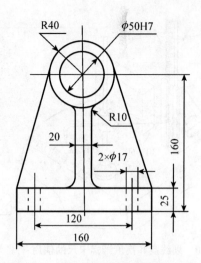

图 5-15　以一个平面（或直线）和一条
中心线为基准

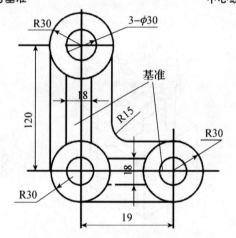

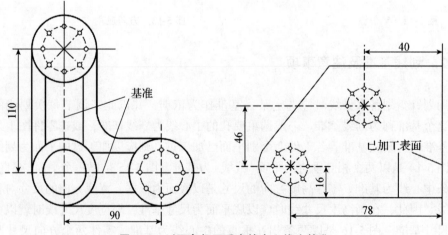

图 5-16　以两条相互垂直的中心线为基准

　　以上三种情况均以设计基准作为画线基准，是用于平面画线的。对于工艺要求复杂的工件，为了保证加工质量，需要分几次画线，才能完成整个画线工作。对同一个零件，在毛坯件上画线称之为第一次画线，待车或铣等加工后，再进行画线时，则称之为第二次画线。在选择画线基准时，需要根据不同画线次数，选择不同的画线基准，这种方法称"按画线次数选择划线基准"。

　　图 5-17 是立体划线，要在工件的长宽高三个方向上划线。划线前根据工件形状和大小，在划线平台上找正和支撑工件。

　　划线操作注意事项：首先是工件支承要稳妥，以防滑倒或移动；其次在一次支承中，应把需要划出的平行线划全，以免再次支承补划，造成误差；最后应正确使用划针、划针盘、高度游标卡尺以及直角尺等划线工具，以免产生错误。

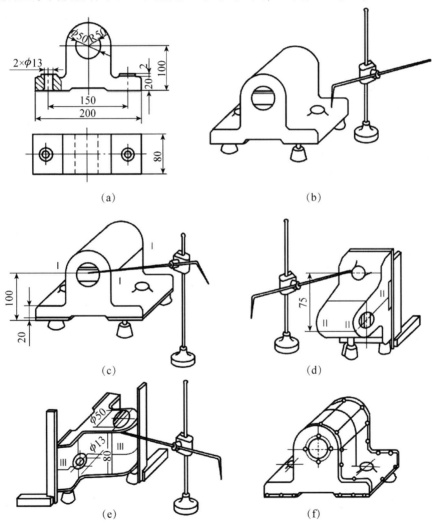

图 5-17　立体划线示例图

（立体划线是在工件的长、宽、高三个方向上划线，划线前根据工件形状和大小在
划线平台上支撑并找正工件）

5.5 锯切

锯切是用手锯锯断金属材料或进行切槽的操作。锯切精度低,常需进一步加工。

5.5.1 手锯结构

手锯由锯弓和锯条组成。锯弓的形式有两种,分为固定式和可调整式两类,如图5-18所示。固定式锯弓的长度不能变动,只能使用单一规格的锯条。可调整式锯弓可以使用不同规格的锯条,手把形状便于用力,故目前广泛使用。锯条由碳素工具钢制成,并经淬火处理。根据工件材料及厚度选择合适的锯条。锯条的齿距及用途,见表5-1。锯条规格以锯条两端安装孔之间的距离表示。常用的锯条约长300mm、宽12mm、厚0.8mm。

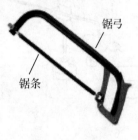

图 5-18 手锯

表 5-1 锯条的齿距及用途

锯齿粗细	每25mm长度内含齿数目	用 途
粗 齿	14~18	锯铜、铝等软金属及厚工件
中 齿	24	加工普通钢、铸铁及中等厚度的工件
细 齿	32	锯硬钢板料及薄壁管子

5.5.2 锯切的步骤和方法

锯条的安装:锯条安装在锯弓上,锯齿应向前,如图5-19所示,松紧应适当,一般用两手指的力能旋紧为止。锯条安装好后,不能有歪斜和扭曲,否则锯削时易折断。

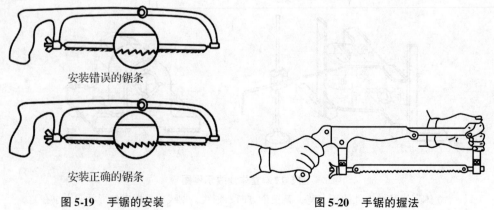

安装错误的锯条

安装正确的锯条

图 5-19 手锯的安装   图 5-20 手锯的握法

　　手锯握法如图 5-20 所示，右手握锯柄，左手轻扶弓架前端。锯硬材料时，应采用大压慢移动；锯软材料时，可适当加速减压。为减轻锯条的磨损，必要时可加乳化液或机油等切削液。锯条应利用全部长度，即往返长度应不小于全长的 2/3，以免造成局部磨损。锯缝如歪斜，不可强扭，应将工件翻转 90°重新起锯。

　　锯切基本操作要领是站位和握锯姿势要正确，如图 5-21 和图 5-22 所示。推锯加压，回拉不加压，锯程要长，推拉要有节奏。从工件远离自己的一端起锯称为远起锯，反之为近起锯，如图 5-22 所示。起锯时用左手大拇指贴住锯条，起锯角约在 15°左右，防止锯齿崩裂。起锯时行程要短，压力要小，当锯条陷入工件 2～3mm 后，才能逐渐正常锯割。

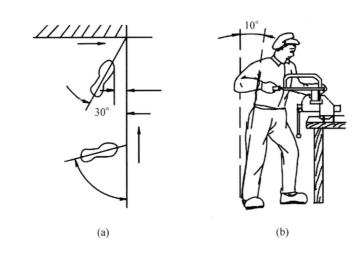

(a)　　　　　　　　　　　　(b)

图 5-21　锯切站姿

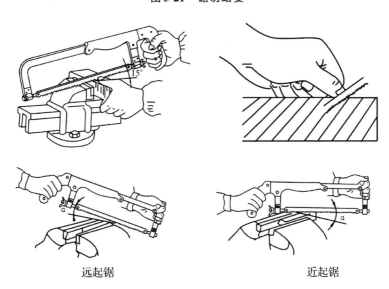

远起锯　　　　　　　　　　近起锯

图 5-22　起锯方法

锯削时，锯弓作往返直线运动，左手施压，右手推进，用力要均匀。返回时，锯条轻轻滑过加工面，速度不宜太快，锯削开始和终了时，压力和速度均应减少，如图 5-23 所示。

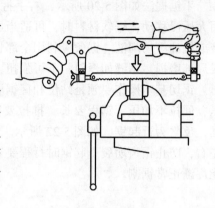

锯削注意事项：首先是锯削时，用力要平稳，动作要协调，切忌猛推或强扭。其次是要防止锯条折断时从锯弓上弹出伤人。最后是工件装卡应正确牢靠，防止锯下部分跌落时砸伤身体。工件伸出钳口不应过长，以防止锯削时产生振动。锯线应和钳口边缘平行，并夹在台虎钳的左边，以便操作。工件要夹紧，并应防止变形和夹坏已加工的表面。

图 5-23　正常锯切过程

锯扁钢应从宽面起锯，以保证锯缝浅而齐整，如图 5-24 所示。

锯圆管，应在管壁锯透时，先将圆管向推锯方向转一角度，从原锯缝处下锯，然后依次不断转动，直至切断为止，如图 5-25 所示。

锯深缝时，应将锯条转 90° 安装，平放锯弓作推锯，如图 5-26 所示。

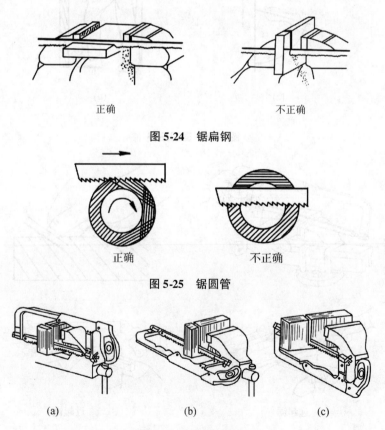

正确　　　　　　　　　不正确

图 5-24　锯扁钢

正确　　　　　　　　　不正确

图 5-25　锯圆管

(a)　　　　　　(b)　　　　　　(c)

图 5-26　深缝的锯切

(a) 正常锯削　　(b) 转 90° 安装锯条　　(c) 转 180° 安装锯条

5.6　锉削

锉削是用锉刀对工件表面进行加工的操作，多用于锯切或錾削之后，所加工出的表面粗糙度 Ra 可达到 $1.6\sim0.8\mu m$，锉削是钳工中最基本的操作。

5.6.1　锉刀及其使用方法

锉刀的构造如图 5-27 所示。由锉刀面、锉刀边、底齿、舌及柄构成。锉刀大小以其工作部分长度表示，锉刀的锉齿多是在剁锉机上剁出的。锉刀的锉纹多制成双纹，以便锉削时省力，锉面不宜堵塞。锉刀的粗细是以每 100mm 长的锉面上锉齿齿数来划分的，粗锉刀齿间

图 5-27　锉刀的构造

大，不宜堵塞，适于粗加工或锉铜和铝等软金属；细锉刀适于锉钢和铸铁等；光锉刀（油光锉）只用于最后修光表面。锉刀越细，锉出的工件表面越光，但生产率越低。根据形状不同，锉刀可分为平锉（板锉）、半圆锉、方锉、三角锉及圆锉等，其中以平锉用得最多，如图 5-28 所示。

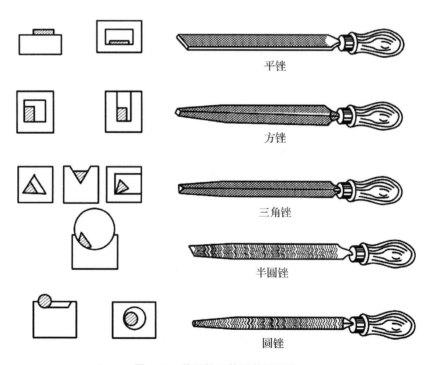

图 5-28　普通锉刀的形状及用途

锉刀的握法如图 5-29 所示。锉削时必须掌握正确的握锉方法以及施力变化。使用大的平锉时应右手握锉柄，左手压在锉端上，使锉刀保持水平。用中型平锉时因用力较小，左手的大拇指和食指捏着锉端，引导锉刀水平移动。锉刀前推时加压，并保持水平返回时不宜压紧工件，以免磨钝锉齿和损伤已加工面。

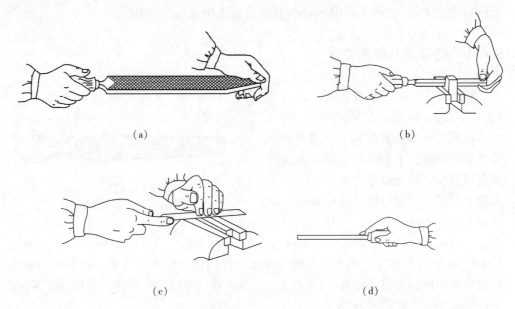

(a)

(b)

(c)

(d)

图 5-29   锉刀的握法

(a)大锉刀的握法   (b)中锉刀的握法   (c)小锉刀的握法   (d)细锉刀的握法

5.6.2   锉平面的步骤和方法

锉削时的两脚站立位置，手臂姿势及锉削动作如图 5-30 所示。锉平面的方法一般有：

交叉锉法即锉刀与工件成 50°~60°角，两个方向交叉进行锉销，适用于粗锉较大的平面。顺向锉法即锉刀顺着一个方向锉销，适用于小平面或粗锉后的精锉。推锉法即双手横握锉刀往复锉销，仅适用于狭长面和余量较小时的修整，如图 5-31 所示。锉刀用力方向如图 5-32 所示，如果用力错误，会形成如图 5-33 所示的曲面。

锉平面的步骤：首先是选择锉刀，锉削前应根据金属的软硬、加工表面和加工余量的大小、工件的表面粗糙度等来选择锉刀。加工余量小于 0.2mm 宜用细锉。第二步是装夹工件，工件必须牢固地夹在虎钳钳口的中部，并略高于钳口。夹持已加工表面时应在钳口与工件间垫以铜片或铝片。第三步是粗锉时可用交叉锉法，这样不仅锉得快而且可以利用锉痕来判断加工部分是否锉到所需尺寸，平面基本锉平后，可以用顺锉法进行锉削，以降低工件表面粗糙度，并获得正直的锉纹，最后可用细锉刀或光锉刀以推锉法修光。第四步是检验，锉削时工件的尺寸可用钢尺和卡钳(或用卡尺)检查，工件的平直及直角可用直角尺根据是否透过光线来检查，如图 5-34 所示。

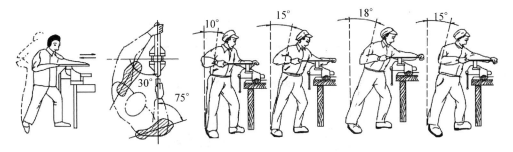

图 5-30　锉削两脚站立姿势，手臂位置及锉削动作

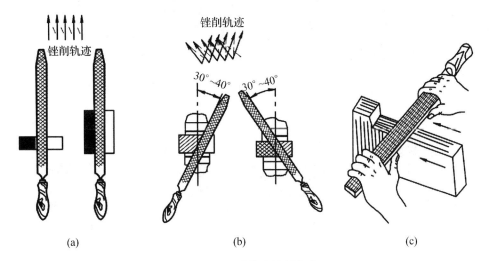

(a)　　　　　　　　　(b)　　　　　　　　　(c)

图 5-31　三种基本锉削方法

（a）顺锉法　（b）交叉锉法　（c）推锉法

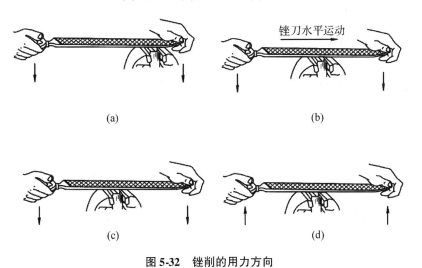

(a)　　　　　　　　　　　　　　(b)

(c)　　　　　　　　　　　　　　(d)

图 5-32　锉削的用力方向

（a）锉削开始　（b）锉削中　（c）锉削终结　（d）锉削返回

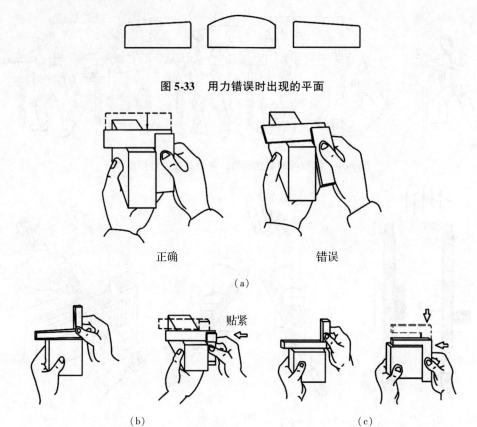

图 5-33　用力错误时出现的平面

正确　　　　　　　　　　错误

(a)

贴紧

(b)　　　　　　　　　　(c)

图 5-34　平面质量检查

(a)直角尺检查工作面的正确使用　(b)检查直线度　(c)检查垂直度

5.6.3　圆弧面的锉法

外圆弧面的锉削采用如图 5-35 所示的滚锉法和横锉法，锉削外圆弧面时，锉刀除向前运动外，同时还要沿被加工圆弧面摆动。锉削内圆弧面时，锉刀除向前运动外锉刀本身还要做一定的旋转和向左或向右的移动，如图 5-36 所示。

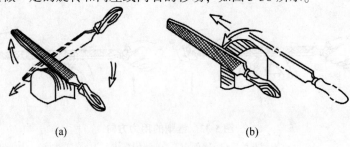

(a)　　　　　　　　　　(b)

图 5-35　锉削外圆弧面

(a)滚锉法　(b)横锉法

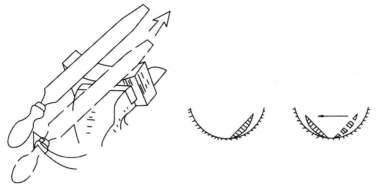

图 5-36　锉削内圆弧面

5.6.4　锉削操作注意事项

锉刀必须装柄使用，以免刺伤手心；不要用新锉刀锉硬金属、白口灰铁、已淬火钢；铸铁件硬皮或粘砂应先用砂轮磨去或錾去，然后再锉削；锉削时不要用手摸工件表面，以免再锉时打滑；锉刀堵塞后用钢丝刷顺着锉纹方向刷去切屑；锉刀放置时不应伸出工作台面以外，以免碰落摔断或砸伤人脚。

5.6.5　錾切加工简介

用锤子打击錾子对金属工件进行切削加工的方法，称为錾削，又称凿削，如图 5-37 所示。它的工作范围主要是去除毛坯上的凸缘、毛刺、分割材料、錾削平面及油槽等，经常用于不便于机械加工的场合。钳工工具是錾子和手锤。常用的錾子有：扁錾、尖錾、油槽錾，如图 5-38 所示。錾切加工方法如图 5-39 所示。

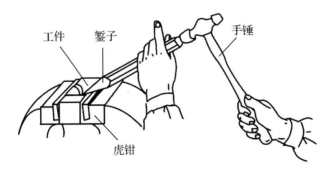

图 5-37　錾切加工

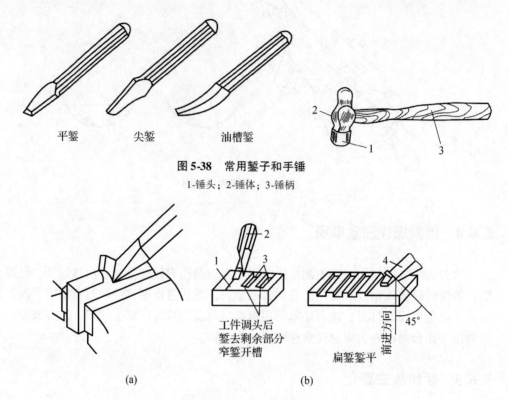

平錾   尖錾   油槽錾

图 5-38   常用錾子和手锤
1-锤头；2-锤体；3-锤柄

工件调头后
錾去剩余部分
窄錾开槽

扁錾錾平

前进方向

45°

(a)   (b)

图 5-39   錾切加工方法
（a）窄平面的錾削方法   （b）宽平面的錾削方法

5.7   钻孔、扩孔及铰孔

钻削加工是用钻头或扩孔钻等在钻床上加工模具零件孔的方法，其操作简便，适应性强，应用很广。在钻床上加工时，工件固定不动，刀具做旋转运动（主运动）的同时沿轴向移动（进给运动），如图 5-40 所示。

钻削加工的工艺范围广，在钻床上采用不同的刀具，可以完成钻中心孔，钻孔、扩孔、铰孔、攻螺纹、锪埋头孔和锪凸台端面，如图 5-41 所示。在孔口表面用锪钻加工出一定形状的孔或凸台的平面，称为锪孔。例如，锪圆柱形埋头孔、锪圆锥形埋头孔、锪用于安放垫圈用的凸台平面等，如图 5-42 所示。

图 5-40   钻削加工

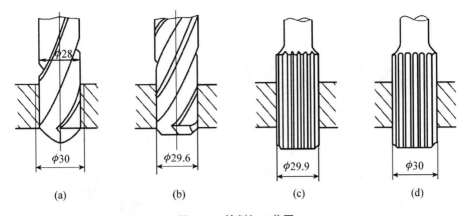

图 5-41　钻削加工范围

（a）钻孔　（b）扩孔　（c）粗绞　（d）精绞

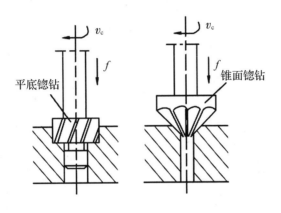

图 5-42　锪孔

5.7.1　钻孔

钻孔是用钻头在实体材料上加工出孔的方法，属于粗加工，常常作为攻螺纹、铰孔等加工工序的前道工序。

首先介绍钻床，常规设备有台式钻床，立式钻床和摇臂钻床，如图 5-43 所示。台式钻床是一种小型钻床，一般用来钻直径为 13mm 以下的孔，其结构如图 5-44 所示。立式钻床一般用来钻中小型工件上的孔，其规格用最大钻孔直径表示。常用的有 25mm、35mm、40mm、50mm 等几种，其结构如图 5-45 所示。摇臂钻床有一个能绕立柱旋转的摇臂，其结构如图 5-46 所示。主轴箱可在摇臂上作横向移动，并可随摇臂沿立柱上下作调整运动，因此，操作时能很方便地调整到需钻削的孔的中心，而工件不需移动。摇臂钻床加工范围广，可用来钻削大型工件的各种螺钉。

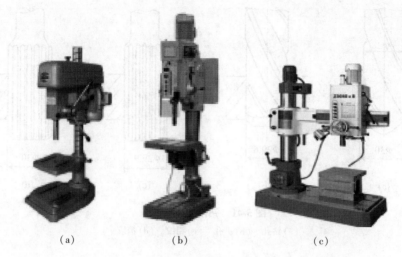

图 5-43　常用钻床

（a）台式钻床　（b）立式钻床　（c）摇臂钻床

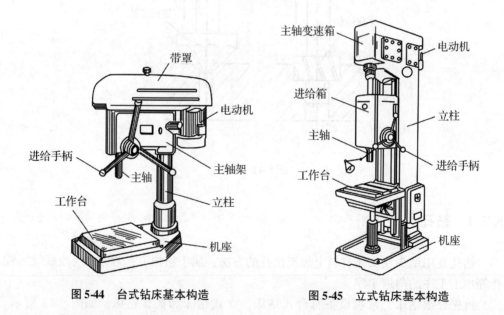

图 5-44　台式钻床基本构造　　　　　**图 5-45　立式钻床基本构造**

　　钻床上使用的钻头为各种规格的麻花钻。麻花钻的组成部分如图 5-47 所示。钻头安装部分的柄部分为两种：直径在 13mm 以下时，柄部一般做成圆柱形（直柄）；直径在 13mm 以上柄部一般做成锥形。钻头的装夹如图 5-48 所示，直柄钻头可以用钻夹头装夹，通过转动固紧扳手来夹紧或放松钻头。锥柄钻头可以直接装在机床主轴的锥孔内，钻头锥柄尺寸较小时，可以用钻套过渡连接。

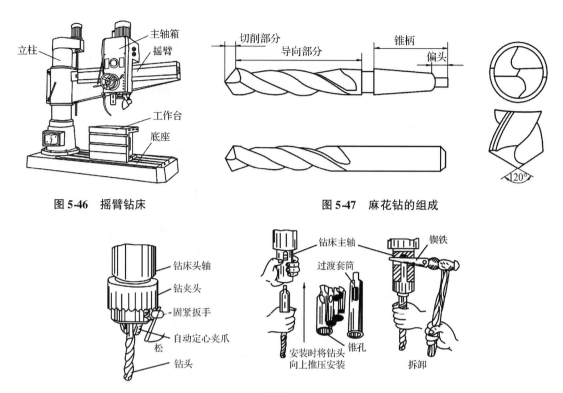

图 5-46　摇臂钻床　　　　　　　　　　图 5-47　麻花钻的组成

图 5-48　钻夹头夹持钻头和锥柄钻头的拆装

钻孔之前先进行工件的安装，大型工件直接放在工作台上进行钻孔，中、小型工件常用平口钳装夹、V 型铁装夹及压板螺栓装夹。成批大量生产中，采用钻模夹具，如图 5-49 所示。

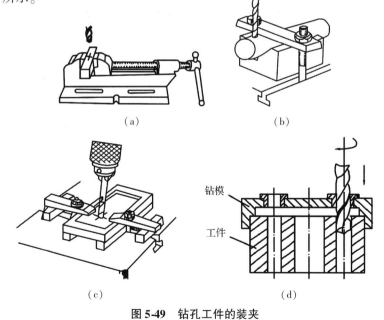

图 5-49　钻孔工件的装夹

(a)平口钳装夹　(b) V 型铁装夹　(c) 压板螺栓装夹　(d) 钻模

钻削加工工艺特点是钻头在半封闭的状态下进行切削，切削量大，排削困难；摩擦研制严重，产生热量多，散热困难；转速高，切削温度高，钻头磨损严重；挤压严重，切削力大，容易产生孔壁的冷加工硬化；钻头细长而悬伸长，加工时容易产生弯曲和振动，钻孔加工一般精度不高，在 IT10 级以下，表面粗糙度为 $Ra12.5\mu m$ 左右，属粗加工，如图 5-50 所示。

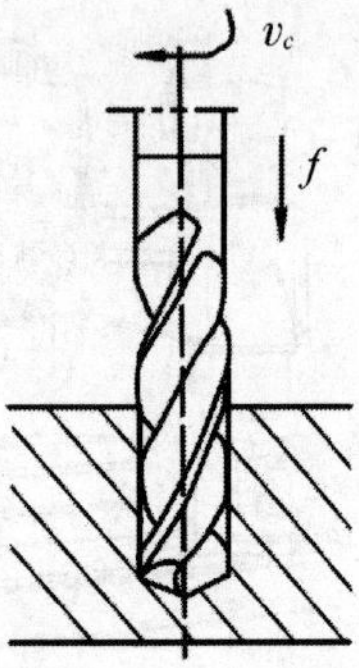

图 5-50   钻削加工

钻孔的方法：第一步，钻孔前在工件上划出孔的加工中心线，在中心线交点处打出样冲眼。第二步，对准样冲眼试钻一个浅坑，判断是否对中，如发现偏心，要及时纠正。第三步，钻料较硬和钻孔较深时，应在钻孔中不断将钻头抽出，以便排屑并防止钻头过热。第四步，钻薄板时，为了防止振动，应在下面加垫木块或铸铁块。最后钻孔时为了降低切削温度，提高钻头的耐用度，应加切削液，如图 5-51 所示。

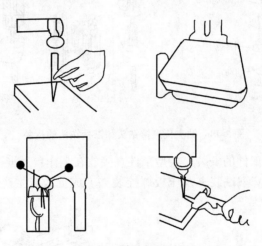

图 5-51   钻孔加工过程

5.7.2   扩孔

扩孔用于扩大工件上已有的孔(锻出、铸出或钻出的孔)，其切削运动与钻孔相同，如图 5-52 所示。扩孔属于半精加工，它可以在一定程度上校正孔轴线的偏斜，其尺寸精度可达 IT10 ~ IT9，表面粗糙度 Ra 值可达 $6.3 ~ 3.2\mu m$。扩孔加工余量一般为 $0.5 ~ 4mm$。

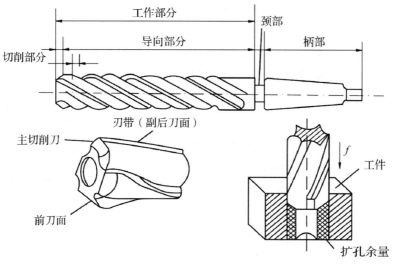

图 5-52 扩孔

5.7.3 铰孔

铰孔是用铰刀对孔进行最后精加工。铰孔的尺寸公差等级可达 IT7 ~ IT6，表面粗糙度 Ra 值可达 $1.6 ~ 0.8 \mu m$。铰孔的加工余量很小，粗铰为 $0.15 ~ 0.25 mm$，精铰为 $0.05 ~ 0.15 mm$。

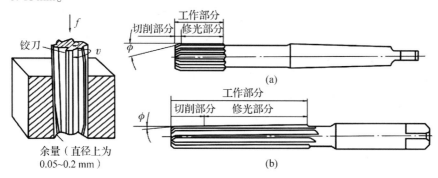

图 5-53 铰刀和铰空

铰刀的形状如图 5-53 所示，它类似扩孔钻，只不过它有更多的切削刃(6 ~ 12 个)和较小的顶角，铰刀每个切削刃上的负荷明显小于扩孔钻，这些因素既提高了铰孔的尺寸公差等级，又降低了铰孔表面粗糙度 Ra 值。

5.8 攻丝和套扣

5.8.1 攻丝

用丝锥加工内螺纹的方法称为攻丝。丝锥是专门用来攻丝的刀具。M3 ~ M20 手用丝锥多为二支一组，称为头锥、二锥。每个丝锥的工作部分是由切削部分和校准部分组成。切削部分(即不完整的牙齿部分)是切削螺纹的主要部分，其作用是切去孔内螺纹牙间的金属。头锥有 5 ~ 7 个不完整的牙齿，二锥有 1 ~ 2 个不完整的牙齿。校准的部分是修光螺纹和引导丝锥。丝锥如图 5-54 所示。

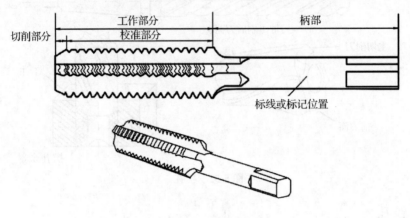

图 5-54　丝锥结构

攻丝的操作方法：钻螺纹底孔，用头锥攻螺纹。开始时要将丝锥垂直放在工件内，然后用铰杠轻压旋入 1 ~ 2 圈，用目测或直角尺在两个相互垂直的方向上检查，并及时纠正丝锥，使其与端面保持垂直。当丝锥切入 3 ~ 4 圈后即可只转动不加压，每转 1 ~ 2 周应反转 1/4 周，以使切屑断落，如图 5-55 所示。攻钢料螺纹时应加机油润滑，攻铸铁件可加煤油。攻通孔螺纹只用头锥攻穿即可。用二锥攻螺纹，先将丝锥放入孔内，用手旋入几周后再用铰杠转动。旋转铰杠时不需加压。攻盲孔螺纹时需要依次使用头锥、二锥才能攻到需要的深度。铰杠是用来夹持和转动丝锥或铰刀的工具，铰杠有固定式和可调式两种。固定式铰杠常用于 M5 以下的丝锥。可调式铰杠通过旋转右手手柄，可以调节放空的尺寸，能与多种丝锥配合，应用广泛。铰杠长度应根据丝锥尺寸大小进行选择，以便控制攻螺纹时的施力，防止丝锥因施力不当而折断。铰杠结构如图 5-56 所示。

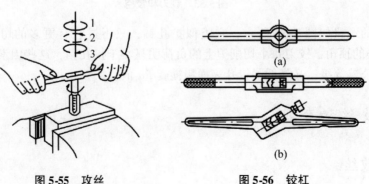

图 5-55　攻丝　　　　　　　　　　图 5-56　铰杠

1-顺转一圈；2-倒转 1/4 圈；3-重复 1　　(a)固定式铰杠　(b)可调式铰杠

5.8.2　套扣

用板牙加工外螺纹的方法称为套扣，又称套丝。套扣常用的板牙分为固定式和开缝式两种，常用的是固定式圆板牙。圆板牙螺孔的两端有 40°的锥度部分，是板牙的切削部分。扳牙和扳牙架，如图 5-57 所示。

套扣的操作方法：套扣前应检查圆杆直径，太大难以套入，太小套出的螺纹牙齿不完整。

圆杆直径可用经验公式计算：圆杆直径 = d(螺纹大径) − $0.2P$(螺距)。要套扣的圆杆必须有合适的倒角，板牙的端面与圆杆必须严格保持垂直，开始转动板牙时要稍加压力，套入几扣后即可只转动不加压。要时常倒转，以便断屑，如图 5-58 所示。注意加机油润滑。

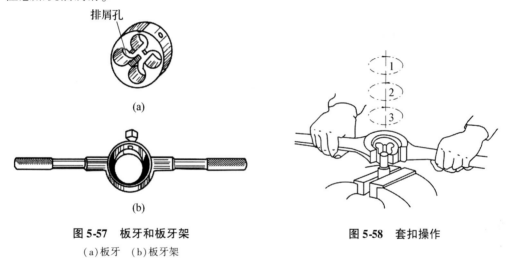

图 5-57　板牙和板牙架
（a）板牙　（b）板牙架

图 5-58　套扣操作

5.9　钳工实习训练

5.9.1　六角螺母的制作

训练目的：通过本项目训练掌握划线、锯削、锉削、钻孔等钳工基本操作技能。熟悉钳工常用工具、量具的使用方法。掌握六角螺母的加工方法，并达到一定的锉削精度；掌握 120°角度样板的测量和使用方法，提高游标卡尺测量准确度；掌握正确对六角螺母钻出螺纹底孔，并掌握正确的攻螺纹方法；掌握六角螺母的检测方法。

作业零件实物图和制作图纸如图 5-59 和图 5-60 所示。

六角螺母的技术要求：六个内角相等，六个面垂直于基准面 A，倒角 15°必须均匀，倒角后形成六角体内切圆，攻螺纹牙面光滑均匀，无崩裂，六边等长，允许公差 0.1mm。

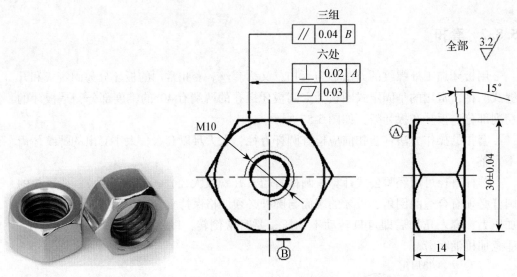

图 5-59　六角螺母实物　　　　　　　　　图 5-60　六角螺母图纸

加工难点是六角螺母尺寸精度和形位公差的控制方法。

工艺准备：材料：45#钢料；规格为 φ36mm × 14mm 等。主要工具：台虎钳、台式钻床、划线平板、90°V 型铁块、φ8.5 麻花钻头等。工具：各种锉刀、划针、样冲、手锤、毛刷、M10 丝锥、扳手等。量具：直尺、高度游标尺、游标卡尺、刀口尺、120°角度样板等。

表 5-2 为加工工艺卡。

表 5-2　制作六角螺母工艺卡

工序	工序主要内容	简图示意
1. 检查毛坯	①擦掉毛坯的机油、锈迹并去除毛刺。 ②用钢直尺检查外形尺寸是否有足够的加工余量。 ③检查外形精度误差是否过大	
2. 整理外形	①毛坯外形尺寸符合要求 36mm × 14mm，先修整 A 面作为基准面，再加工平行面，使尺寸达到图纸要求。 ②面 1 是加工其他小面的第一个基准面，精度要求比较高，如右图所示	毛坯料外形尺寸
3. 加工过程	①六角螺母的毛坯料外形尺寸是 36mm，由于六角螺母是具有对称性，先加工面 1，单边粗锉加工 3mm，如右图所示，以刀口角尺控制平面度和垂直度，并且用游标卡尺测量控制尺寸33 ± 0.04mm	加工面 1

（续）

工序	工序主要内容	简图示意
	②在面1加工完成达到要求后，以面1为基准，先将工件放到划线平板上，用高度划线尺划出30mm高度线条，然后锉削加工到划线处作为面2，如右图所示，再精加工达到平面度和与大面A的垂直度，且与面1达到平行度要求：用游标卡尺控制尺寸达到30±0.04mm	加工面2 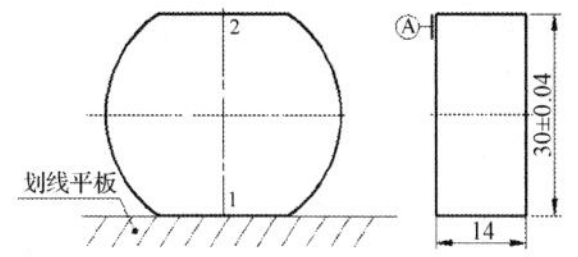 划线平板 游标卡尺测量 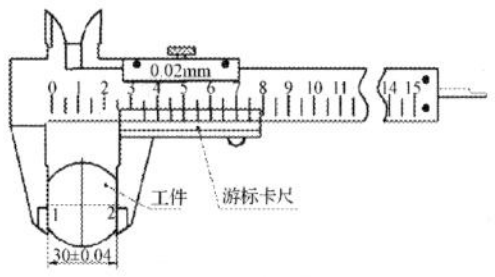 工件　游标卡尺
3. 加工过程	③采用与面1相同的加工方法来加工面3，如右图(a)所示，先用120°角度样以面1作为基准划面3加工参考线，进行粗加工，再用刀口角度控制平面度和与大面A的垂直度，再以面1作为基准，用角度样板控制面1与面3之间形成的角度120°±2′，如右图(b)所示，并注意用游标卡尺测量控制尺寸33尺寸	加工面3和角度样板测量 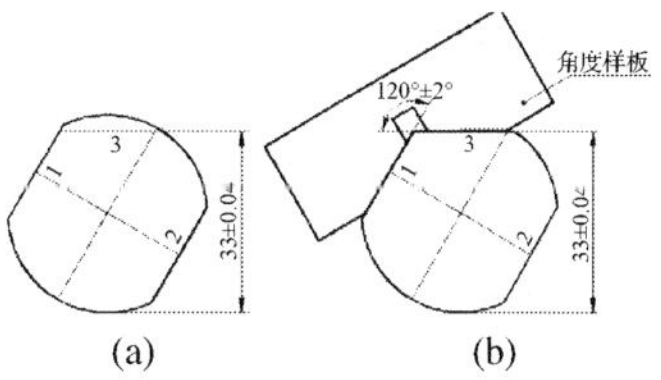 角度样板 120°±2′ (a)　　(b)
	④面4的加工和测量与面3相同，如右图(a)所示，注意控制平面度、垂直度及角度120°±2′如图(b)所示	加工面4和角度样板测量 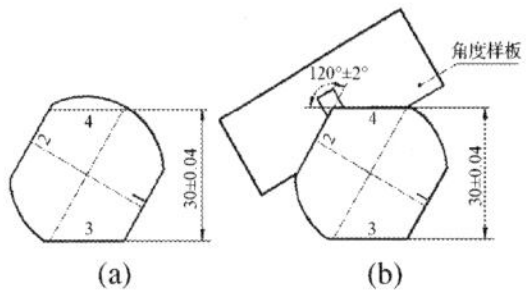 角度样板 120°±2′ (a)　　(b)
	⑤用游标卡尺控制平行度和测量尺寸30±0.04mm，如右图所示	游标卡尺测量 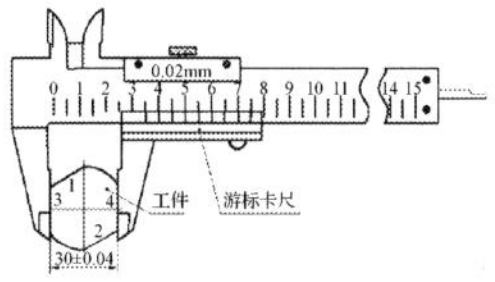 工件　游标卡尺
	⑥面5、面6的加工和测量方法与面3、面4相同，采用角度样板测量角度120°±2′和游标卡尺测量控制平行度及测量尺寸30±0.04mm，最终形成如右图所示的正六方体	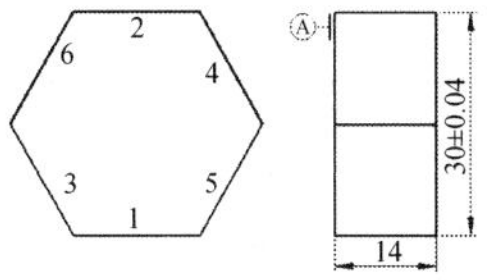
4. 孔加工和倒角	在六个面达到要求后，用钢直尺对正六方体将对角相连接，如右图所示。三线相交点即为中心，用样冲定出中心眼，并用划规划出 $\phi 10$ 检测圆和 $\phi 30$ 内切圆，高度划线尺划出2mm的倒角高度线。最后去除毛刺、倒棱，全部精度复查	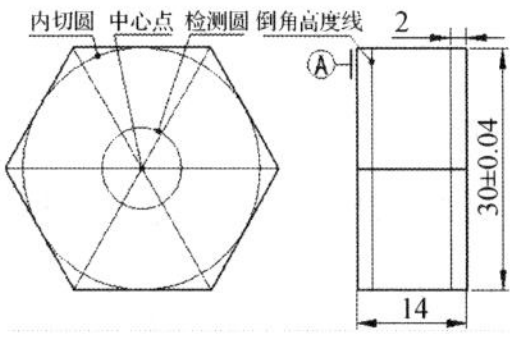 内切圆　中心点　检测圆　倒角高度线

（续）

工序	工序主要内容	简图示意
4. 孔加工和倒角	①钻底孔 由图样可知，要攻出 M10 的螺纹孔，因为是钢料，底孔直径可用下列经验公式计算： $$D = d - P$$ 式中：D——底孔直径，mm； d——螺纹大径，mm； P——螺距，mm。 查表可知 M10 的螺距 $P = 1.5$mm，即底孔直径 $$D = d - P = 10 - 1.5 = 8.5\text{mm}$$ 选用 ϕ8.5 麻花钻头对工件进行孔，然后再用 90° 锪孔钻对底孔锪孔，深度约 1.5mm，通孔两端要锪孔，便于丝锥切入，并可防止孔口的螺纹崩裂	
	②攻螺纹 钻出底孔和锪孔后，用绞杠和 M10 丝锥对工件进行攻螺纹，注意攻螺纹前工件夹持位置要正确，应尽可能把底孔中心线置于水平或垂直位置，便于攻螺纹时掌握丝锥是否垂直于工件。攻螺纹时，要注意先用头锥，再用二锥，且两手均匀握住绞杠均匀施加压力，如右图（a）所示。当丝锥攻入 1~2 圈后，从间隔 90° 的两个方向用 90° 角尺检查，如右图（b）所示。并校正丝锥位置到符合要求，然后继续往下攻，并添加润滑油和倒转 1/2 圈，便于切削和排屑	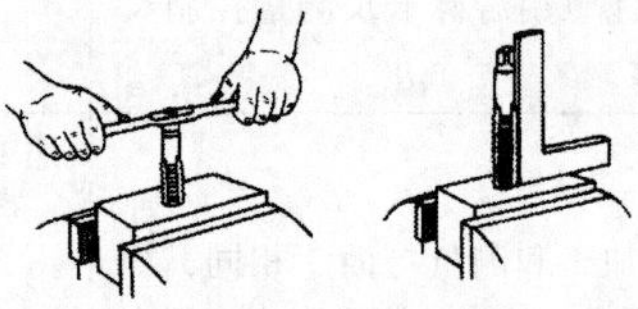 (a) (b)
	③倒角 由图样可知，根据所划好线条，将工件平行装夹于平口钳上，用锉刀加工出 15° 倒角，注意倒角要求使相贯线对称、倒角面圆滑、内切圆准确，如右图所示	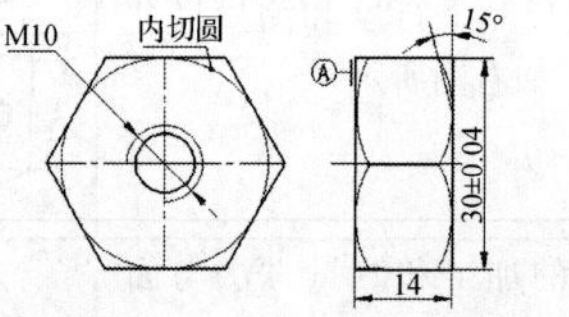 M10 内切圆 15° Ⓐ 30±0.04 14

注意事项：①注意锉削姿势动作的正确性，一些不正确的姿势动作要纠正。

②为保证加工表面光洁，在锉削钢件时，必须经常用钢丝刷清除嵌入锉刀齿纹内的锉屑，并在齿面上涂上粉笔灰。

③为便于掌握加工各面时的粗锉余量情况，加工前可在加工面两端按划线位置用锉刀倒出加工余量的倒角。

④在加工时要防止片面性，不要为了取得平面度精度而影响了尺寸公差和角度精度，为了锉正角度而忽略了平面度和平行度，或为了减小表面粗糙度而忽略了其他。总之在加工时要顾及达到全面精度要求。

⑤掌握好在加工六角体时常会出现的形位误差和产生原因，以便在练习时加以注意。

1）同一面上两端宽狭不等。产生原因是：与基准端面垂直度误差过大；两相对面间的尺寸差值过大（平行度误差大）。

2）六角体扭曲：原因是各加工面有扭曲误差存在。

3）120°角度不等：原因是角度测量的积累误差较大。

4）六角边长不等：原因是120°角不等；三组相对面间的尺寸差值较大。

5.9.2　小锤子的制作

训练目的：通过本项目训练掌握划线、锯削、锉削、钻孔等钳工基本操作技能。熟悉钳工常用工具、量具的使用方法。练习锉削凹凸圆弧等操作技能。

作业件如图 5-61 和图 5-62 所示。

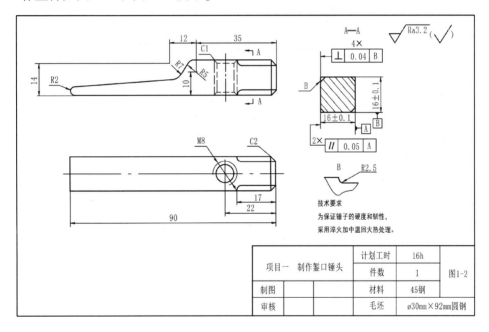

图 5-61　小锤头零件图

加工重难点分析：首先是在圆钢上立体划线，可以借助 V 形铁和高度游标卡尺划线，具体划线高度计算方法如下：根据图 5-63（a），由数学知识可得：$h = H - x$，$x = D/2 - L/2$。式中，H 为游标卡尺测量工件最高点的高度值。已知：$D = 30\text{mm}$，$L = 16\text{mm}$。所以：$(h = H - (30/2 - 16/2) = H - 7$。根据图 5-63（b），由数学知识可得：$h = D/2 + L/2$。已知：$D = 30\text{mm}$，$L = 16\text{mm}$。所以：$h = D/2 + L/2 = 30/2 + 16/2 = 23\text{mm}$。

图 5-62 小锤头成品

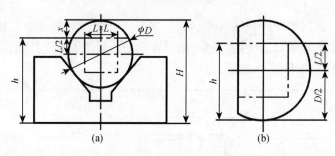

图 5-63 划线高度计算

第二个难点是圆弧锉削，圆弧锉削的操作难度较大，需要特别控制力度。开始练习时，应用较小的力锉削，把主要注意力放在控制锉刀的多个运动上，使锉刀运动协调，圆弧质量才能保证。

工艺准备：毛坯：45 钢 φ30×92 圆钢。机床：钻床。工具：划针、划规，方箱、平板，锯弓、锯条，扁锉、半圆锉、圆锉，样冲，锤子，毛刷、锉刀刷、平口钳、软钳口，φ6.7、φ10 麻花钻，M8 丝锥、铰杠，划线液、润滑油等。量具：游标卡尺（0～150mm），金属直尺、直角尺，高度游标卡尺（0～300mm），刀口形直尺，塞尺，半圆样板。

表 5-3 为加工工艺卡。

表 5-3 制作錾口锤头工艺卡

工序	工序主要内容	简图示意
1. 检查备料	检查备料毛坯的各项尺寸，确定加工。棒料直径 30mm，1-垂直中心线，2-水平中心线，3-正方形边长，4-正方形边长。如右图所示	φ30

（续）

工序	工序主要内容	简图示意
2. 锯锉长方体	①毛坯放在 V 形铁上，用高度游标卡尺划第一加工面的加工线，并打样冲眼 30～100mm。如右图所示	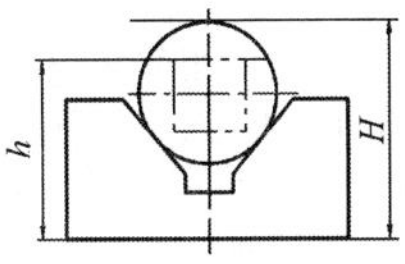
	②锯削第一个平面（留 1mm 锉削余量），然后锉削第一个平面。如右图所示	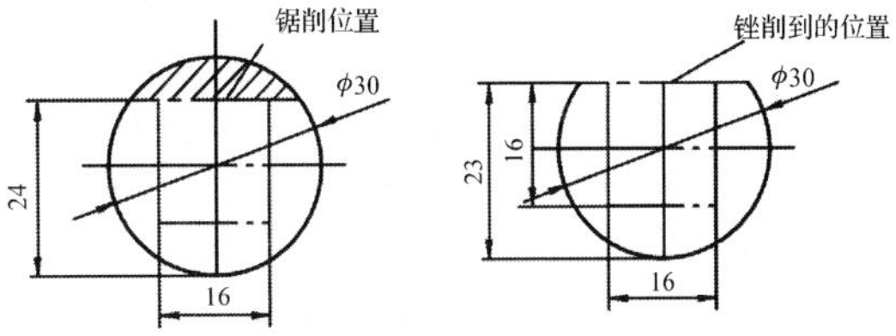
	③工件放在平板上，并以第一面靠住 V 形铁，用高度游标卡尺划第二加工面的加工线，打样冲眼。如右图所示	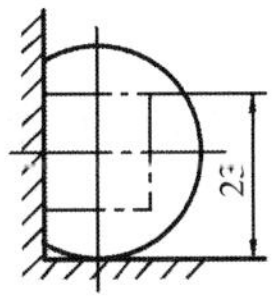
	④锯削第二个平面（留 1mm 锉削余量），然后锉削第二个平面。如右图所示	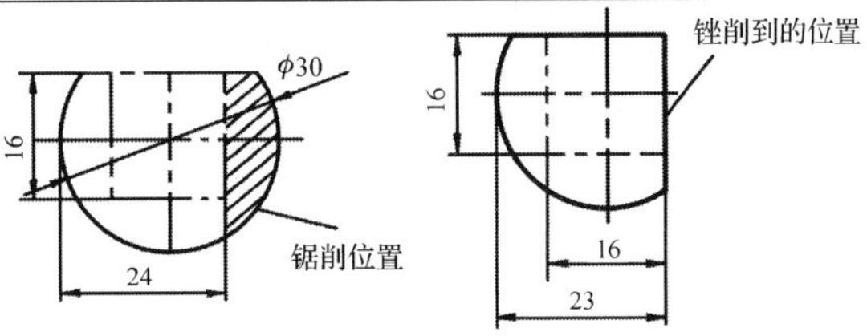
	⑤工件放置在平板上，用高度游标卡尺划第三、第四加工面的加工线，并打样冲眼。如右图所示	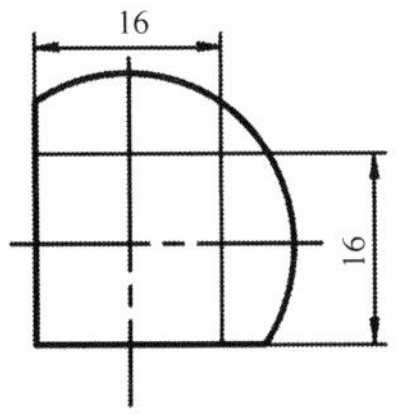
	⑥锯削第三个平面（留 1mm 锉削余量），然后锉削第三个平面。如右图所示	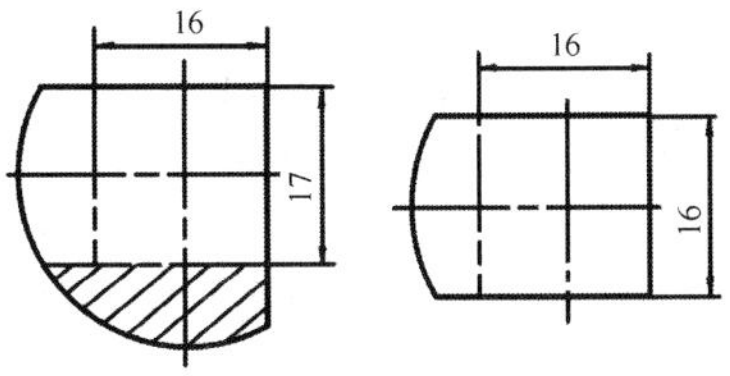
	⑦锯削第四个平面（留 1mm 锉削余量），然后锉削第四个平面。如右图所示	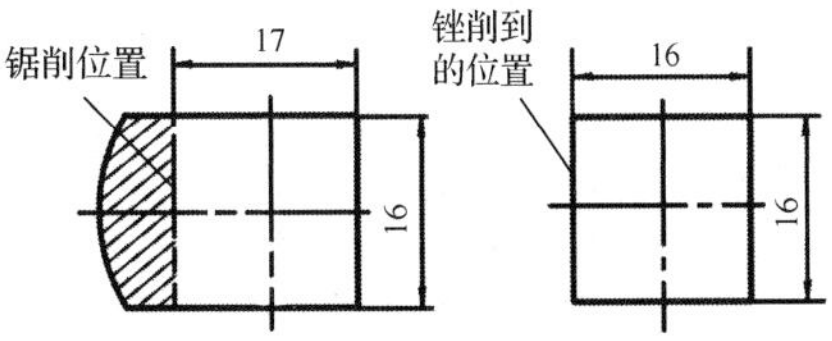

（续）

工序	工序主要内容	简图示意
2. 锯锉长方体	⑧精锉长方体(采用软钳口保护工件已加工表面)。精锉顺序：基准面→相邻侧面1→相邻侧面2→平行面（基准面的相对面)如右图所示	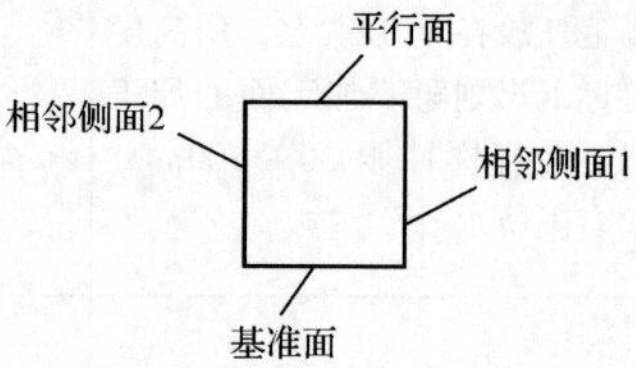 平行面，相邻侧面2，相邻侧面1，基准面

注意事项：①为了保证锯削的准确性，高度游标卡尺在划线时应尽可能划成封闭形状。
②对初学者，锯削时应留有一定的锉削余量，一般控制在 1~2mm。

工序	工序主要内容	简图示意
3. 锯、锉斜面倒角	①锉削基准面 K(16mm×16mm 的端面)	要求：①K$_1$面平面度；②K$_1$面与相临 4 个面的垂直度
	②划线（划出锤头斜面）：以 K$_1$ 平面为基准，划出 38mm、44 mm、90mm 的加工界线；以 K$_2$ 平面为基准，划出 4mm、8mm、15mm，以确定划斜面的三个点（为锉削圆弧留余量），划出锤头斜面（大、小斜面位置），同时划对称面(共两面)，如右图所示。	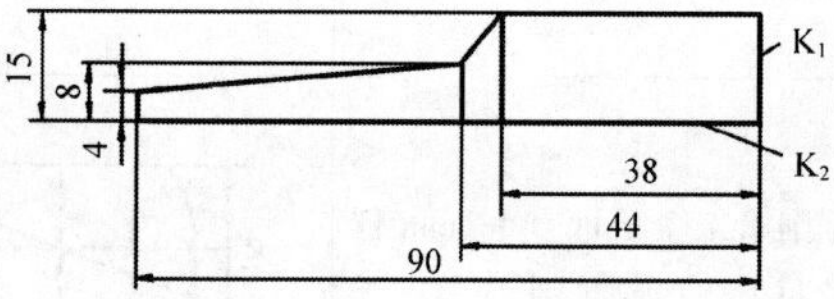 15, 8, 4, K$_1$, K$_2$, 38, 44, 90
	③锯斜面，留 0.5mm 锉削余量	锯削时工件倾斜装夹，要求锯缝（斜面）与钳口侧面平行，与钳口上面垂直；夹持在钳口左侧，伸出钳口不应过长
	④粗锉、细锉斜面	锉斜面时工件水平装夹，要求斜面与钳口上面平行，与钳口侧面垂直
	⑤锉倒角 1）划线。以 K$_1$，为基准划出 17mm、R2.5 以及 C2 倒角的加工界线。 2）锉削倒角。用圆锉按线粗锉 R2.5 圆弧，然后用粗、细板锉粗、细锉倒角，再用圆锉细加工 R2.5 圆弧；最后用推锉法进行修正；注意锉削顺序（相对面锉削）。 3）锉削锤子端部 K 面 C2 倒角。 4）以 K1 面为基准，锉至 90mm 长度，注意留 0.5mm 左右余量	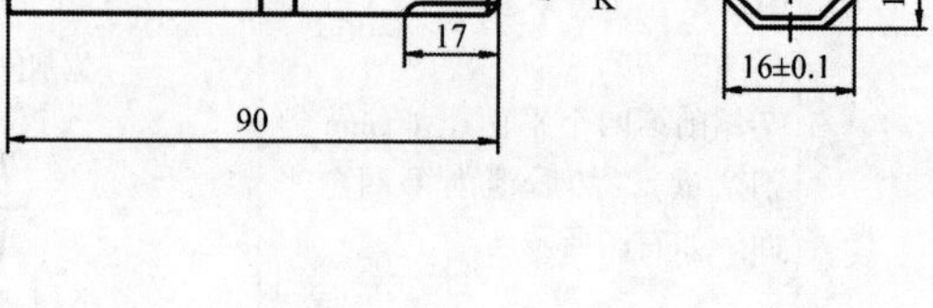 R2.5, C2, K$_1$, K, 17, 90, 2, 2, 16±0.1, 16±0.1

（续）

工序	工序主要内容	简图示意
4. 圆弧锉削	①划圆弧线。三处圆弧圆心坐标确定；R7 圆弧的圆心不在工件上，可以选择一个等厚的硬木块夹在工件旁，以完成找圆心和划线工作	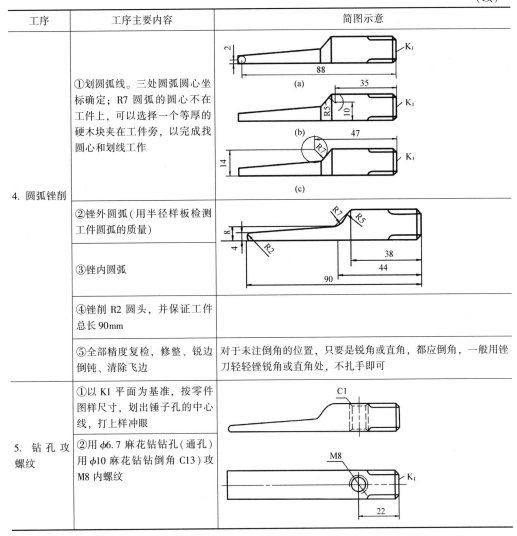
	②锉外圆弧（用半径样板检测工件圆弧的质量）	
	③锉内圆弧	
	④锉削 R2 圆头，并保证工件总长 90mm	
	⑤全部精度复检、修整、锐边倒钝、清除飞边	对于未注倒角的位置，只要是锐角或直角，都应倒角，一般用锉刀轻轻锉锐角或直角处，不扎手即可
5. 钻孔攻螺纹	①以 K1 平面为基准，按零件图样尺寸，划出锤子孔的中心线，打上样冲眼	
	②用 $\phi6.7$ 麻花钻钻孔（通孔）用 $\phi10$ 麻花钻钻倒角 C13）攻 M8 内螺纹	

注意事项：攻螺纹时丝锥易折断。攻螺纹前，应该用直角尺校正丝锥与锤头的垂直度；在锯削、锉削长方体时，应锯一面锉一面，绝不可将四面一起锯下再锉削各面；在锉削与 R2.5 连接的 4 个小平面时，应以两两相对面为一组进行锉削，不能按相邻面顺序进行锉削；圆弧与圆弧、圆弧与斜面的连接处要达到圆滑、选择合适的锉刀并经常清除嵌在锉刀齿纹中的锉屑；初学者在锯削和锉削时应注意，避免为了提高加工速度，加大锯削和锉削的往复运动速度。一般锉削速度保持在 30～60 次/min，锯削 40 次/min。速度太高会使加工质量下降，锯条和锉刀磨损加剧，容易疲劳，效率下降而使技术水平无法提高。

安全文明实习：

①工件装夹时要用软垫辅助夹紧，以免工件锉削加工面夹伤或装夹不紧砸伤脚；

②钻床用电要注意，平口钳装夹要紧固，钻速要合适；

③钻孔时不要用嘴吹切屑，要用毛刷扫除并且要戴眼镜；

④锯削时力度和速度要适中，且边锯边观察加工线，以免锯偏；

⑤工件毛刺要清除好，以免刮伤手和影响测量精度。

5.9.3　钳工装配

钳工的装配操作是指操作机械设备或使用工装、工具，按照技术要求进行机械设备零件、组件或成品组合的过程即组件装配、部件装配和总装配，并经过调整，检验和试车等，使之成为合格的机械设备。在实习中一般以减速器拆装实验作为钳工装配的实例。

减速器是在电动机、内燃机等原动机和工作机或执行机构之间利用大小齿轮齿数不同来降低转速和增大扭矩的独立封闭传动装置。按照传动类型有齿轮减速器、蜗杆减速器和行星齿轮减速器及其相互组合的减速度等；按照传动级数不同可分为单级和多级减速器；按照齿轮形状不同可分为圆柱齿轮减速器、圆锥齿轮减速器和及其组合的圆锥–圆柱齿轮减速器；多级减速器按照传动的布置形式又可分为展开式、分流式和同轴式减速器。

减速器的种类很多，在现代机械中应用非常广泛，其工作原理、装配结构特征、传动路线和装配关系在教学和绘图中具有典型代表性。通过减速器的拆装实验，为机械类学生进一步熟悉机械制图中公差与配合、表面粗糙度等技术要求提供认知机会，了解零件结构在设计中的功能，进一步提高表达零件和部件的绘图能力，培养学生的初步设计能力，为后续机械原理和机械设计等课程奠定基础。

5.9.3.1　实验目的及任务

①通过拆装实验，了解减速器的工作原理和装配结构特征，提高绘制、阅读装配图的能力，并掌握机械产品结构设计的初步知识。

②通过观察，利用拆卸工具，团队成员相互合作，按先后顺序拆开减速器箱盖并记录齿轮轴上零件间的相对位置和连接关系。

③通过拆卸齿轮轴，分析减速器工作原理，观察装配结构特点。

④了解箱体、箱盖等各零件结构特点及其功能。

⑤了解各配合面的配合基制(基孔制、基轴制)和配合种类(间隙、过盈、过渡配合)，了解各配合面、接触面及一般表面的表面粗糙度值。

⑥按顺序正确组装装配体，掌握装配技巧，了解常用件和标准件(紧固件等)在装配体中所起的作用，并明确如何在绘制装配图时正确表达常用件和标准件。

⑦会熟练并正确使用常用拆装机械设备的手工工具，了解其性能参数、适应范围及注意事项。

⑧完成拆装实验报告。

5.9.3.2　实验准备工作

①由指导教师进行动员、分组、布置拆装任务。

②强调拆装过程中设备、人身安全注意事项。

③熟悉工作台中各种测量、拆卸工具的摆放位置，会正确使用各种拆卸工具。

5.9.3.3　拆装顺序与主要零件结构及功能

（1）观察外观

观察如图 5-64 所示的螺纹紧固件连接形式：箱盖与箱体通过螺栓连接，观察窗盖、轴承盖上螺钉的种类，为拆卸选取合适的扳手、螺丝刀等拆卸工具。

图 5-64　一级减速器及拆装

①观察窗及通气塞有何作用？观察窗应开在什么位置？

②吊耳或吊环、起盖螺钉、油标、放油螺塞、圆柱销钉各有何作用？

③箱盖与箱体上的肋板、凸台的功能及箱体下底面凹槽有何作用？

（2）拆卸观察窗盖和箱盖

选取样式和规格合适的扳手、螺丝刀等拆卸工具，按照顺序依次拆下观察窗盖上的螺钉、箱盖与箱体连接螺栓、轴承盖上的螺钉（嵌入式端盖没有螺钉），拆下圆柱销钉，并按顺序将螺栓、螺母、垫圈、螺钉、圆柱销钉等归类整理，妥善保管，以防丢失，给装配增添麻烦。旋转起盖螺钉将箱盖、箱体分离，从接合面处拆下箱盖。

仔细观察各轴上零件的周向定位和轴向定位——轴承内外圈轴向定位、齿轮轴向定位和周向转动连接。

（3）拆卸轴上各零件

将轴上零件依次拆卸，并按顺序整理存放，遇到轴与轴承难以拆卸的情况切忌用蛮力甚至盲目敲打，可用小锤均匀敲打或者加热拆卸，也可用专用拆卸工具轴承拆卸器。

①写出轴与轴承内圈的配合公差，属于何种配合类型且表面粗糙度有何规定？

②写出轴承外圈与箱壁孔的配合公差，属于何种配合类型且表面粗糙度有何规定？

③写出轴伸出端与透盖的配合公差，属于何种配合类型且表面粗糙度有何规定？

④箱盖与箱体接合面、箱体下底面表面粗糙度有何规定？

⑤为了减少加工面，在结构和工艺上通常有哪些实现方法？

（4）润滑与密封

减速器润滑一般指传动件的润滑即齿轮与轴承润滑。齿轮润滑有脂润滑和油润滑两种，绝大多数减速器齿轮都采用浸油润滑，即大齿轮的轮齿浸入油池中，靠大齿轮的转动把润滑油带到啮合处进行润滑。轴承润滑有脂润滑和油润滑两种方式，油润滑方式又分为飞溅式润滑、刮板式润滑、浸油式润滑等。

减速器需要密封的部位一般有轴伸出端、箱盖和箱体接合面、箱盖和箱体与轴承盖、观察窗盖、油标及放油螺塞等处。轴伸出处密封常采用毡圈式密封、皮碗式密封、间隙式密封、离心式密封和迷宫式密封等方式；箱盖与箱体接合面处普遍采用涂密封胶的方法密封；观察窗盖、油标与箱体接合面、放油螺塞需加纸封油垫或者皮封油圈，采用螺钉固定的轴承盖与箱盖和箱体间加密封垫片，嵌入式轴承盖与箱盖和箱体间常用 O 形橡胶密封圈密封防漏。

①油润滑减速器内油面高度有何规定？

②采用飞溅式油润滑的减速器如何实现轴承润滑？

（5）装配

①检查箱体内有无零件及其他杂物留在箱体内，擦净箱体内部。

②装入传动部件，及轴承端盖，用手转动输入轴，观察有无干涉，无误后合上箱盖。

③松开起盖螺钉，装上定位销钉。装上箱盖和箱体连接用螺栓、螺母和垫圈、轴承端盖螺钉、观察窗盖螺钉，用手逐一拧紧后，再用合适扳手分多次均匀拧紧。

④观察所有附件是否都装好，清点好工具，交指导老师验收。

5.9.3.4　实验注意事项

①实验前认真阅读实习教材相关内容。

②拆装讲究方法，切忌盲目乱拆，造成部件和零件损坏。

③拆卸前仔细观察，研究零部件结构及连接方式，考虑好合理拆卸顺序，拆下的零件分类整理并妥善保管，避免丢失。

④注意安全，尤其是手脚。

⑤爱护工具和设备，禁止用金属敲击加工表面和重要的配合表面。

5.9.3.5　实验设备与工具

①拆装用减速器种类及型号分别如表 5-4 和图 5-65 所示。

表 5-4　各种类型减速器

名　称	单位	数量	备注
单级圆柱齿轮减速器	台	1	CJXJ-B1-1
单级圆锥齿轮减速器	台	1	CJXJ-B1-2
展开式两级圆柱齿轮减速器	台	1	CJXJ-B1-3
同轴式两级圆柱齿轮减速器	台	1	CJXJ-B1-4
分流式两级圆柱齿轮减速器	台	1	CJXJ-B1-5
新型结构单级圆柱齿轮减速器	台	1	CJXJ-B1-6
圆锥—圆柱齿轮减速器	台	1	CJXJ-B1-7
蜗杆蜗轮减速器	台	1	CJXJ-B1-8

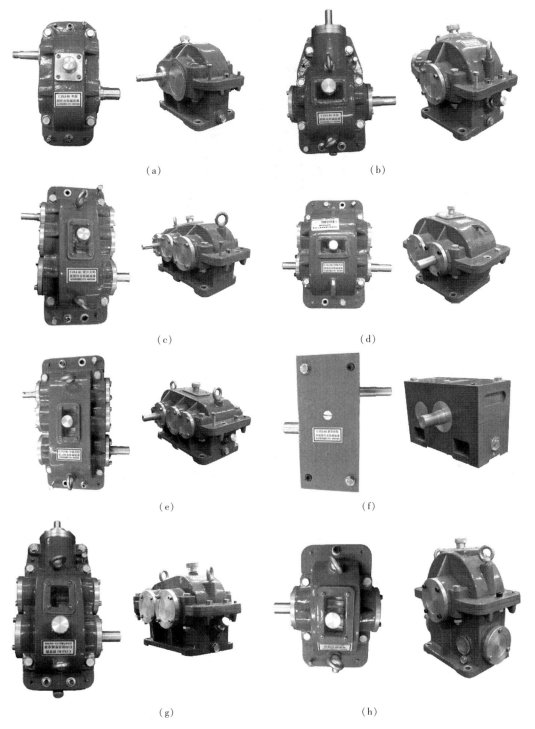

图 5-65　各类型减速器

（a）单级圆柱齿轮减速器　（b）单级圆锥齿轮减速器　（c）展开式两级圆柱齿轮减速器
（d）同轴式两级圆柱齿轮减速器　（e）分流式两级圆柱齿轮减速器
（f）新型结构单级圆柱齿轮减速器　（g）圆锥—圆柱齿轮减速器　（h）蜗杆蜗轮减速器

②工具：固定扳手、内六角扳手、套筒扳手、螺丝刀、铜锤、轴承拆卸器等，如图 5-66 所示。

图 5-66　拆卸工具

5.10　英语阅读材料 No. 6

Files

Files come in many shapes and with different tooth patterns and coarseness. Fora job, you would select teeth and a pattern of rows. Let's look at each a flat file with fine single or double-cut characteristic.

File Shape

Little training is required for this aspect of files. Most of the shapes available are shown in Fig. 5-67.

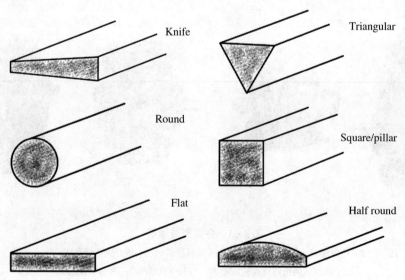

Fig. 5-67　Common file shapes

Many file shapes are supplied in two varieties: tapered and straight (Fig. 5-68).

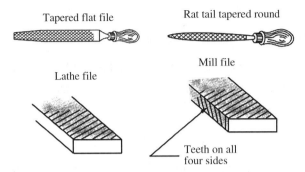

Fig. 5-68　Tapered files and mill files compared to lathe

Mill and Lathe Files

Files with teeth on all four edges that are able to cut down and sideways, are called mill files. Those with teeth on the two larger surfaces are called lathe files. Lathe files can be used to file against an edge without metal removal from the edge itself (Fig. 5-69).

Tooth Pattern Machining files have four kinds of teeth, as shown in Fig. 5-64. Each has a purpose:

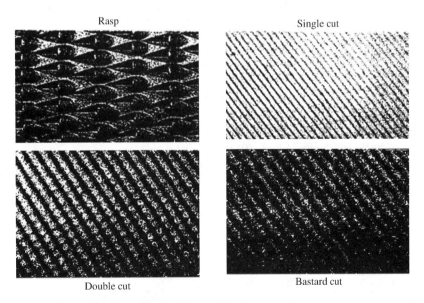

Fig. 5-69　Four file tooth types. Each has a different purpose

(1)Single-Cut Files: Finishing Work

With one row of teeth, they are used where metal removal is small and finish should be good. They would be a good choice to break the edges of the drill gage blanks. Due to the small space between teeth, single-cut files tend to clog or "load up" also called "pinning" especially when filing soft metal such as aluminum. The loaded metal then scratches the finished product.

(2)Double-Cut Files: Semi-finishing and Roughing

This file will shape metal well but leaves a rougher surface behind. Double-cut files remove more material faster than single-cut files. They wouldn't be the best choice to break the edges.

(3)Bastard Cut Files

These have teeth set at an angle to each other but not in a double-cut pattern. Notice the discontinuous teeth in the pattern. Because of the way they lay to each other, this file cuts very fast. It is used for rough filing and heavy metal removal. It is a very poor choice to break the edges.

(4)Rasp Cut Files

Used for fast removal where surface finish is of no concern, this file works well on soft metals like aluminum, where tooth loading can be a problem with finer files. A rasp is made differently than a standard file in that individual teeth are formed by lifting metal up off the file body. They are sharp enough to cut flesh! Rasps are more commonly used in wood-working rather than metal work.

To file the sharp edges of the drill gage requires a couple of skills:
① Producing good straight edges without overfilling.
② Avoiding marking the part in some other way while holding it.

There are two ways to remove metal using a file.
① Reciprocal back and forth [Fig. 5-70(a)].
② Draw filing angular shearing [Fig. 5-70(b)].

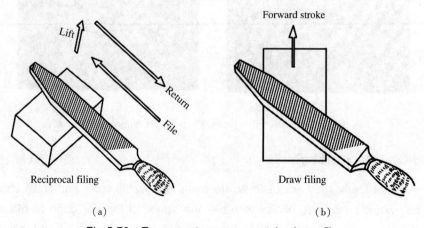

(a)   (b)

Fig. 5-70　Two ways to remove metal using a file

The draw file method might work better for the edges. To do it right, place your second hand on the end opposite the handle.

File cleaning

Use a file card to remove particles up metal in the file, a process called pinning. Brushing a light coat of cutting oil on the work (or plain chalk on the file) can often help, but there comes a time when you must stop because unwanted loaded metal is marring the surface as it is produced.

Fig. 5-71　File cleaning

To clean a file, brace it against a bench and use the three parts of a file card/brush (Fig. 5-71). First, use the stiff wire "card" for loosening and removing big particles. Then use the bristle side to clean the entire surface. For difficult lumps of metal that remain, the file cards feature a fold-out metal pick.

本章小结

钳工是机械制造中最古老的金属加工技术，切削加工、机械装配和修理作业中的手工作业。钳工广泛应用于生产前的准备、单件小批生产中的部分加工、生产工具的调整、设备的维修和产品的装配等。钳工的基本操作包括：划线、锯削、锉削、孔加工、攻螺纹和套螺纹和装配等。通过钳工实训的学习，对钳工工艺过程及基本工艺有所掌握，并且介绍了钳工的方法。对钳工设备有所了解，可以进行熟练操作。

思考题

1. 钳工的工作内容有哪些？
2. 划线的作用是什么？什么是划线基准？如何选择划线基准？
3. 怎样选择锯条？起锯时和锯削时的操作要领是什么？
4. 锉平工件的操作要领是什么？
5. 攻盲孔螺纹时，为什么丝锥不能攻到底？

钳工实习报告

1. 钳工主要是通过工人手持工具对工件进行加工的一种切削方法，其主要工作包括：_____、_____、_____、_____、_____、_____、_____、_____刮削、研磨、装配和修理等。

2. 钳工划线分为_____和_____两种。

3. 钻孔前打样冲眼的主要原因是_____和_____。钻孔属于_____加工，扩孔属于半精加工，铰孔属于_____加工。

4. 在括号内填上图 5-72 中的锉削方法：

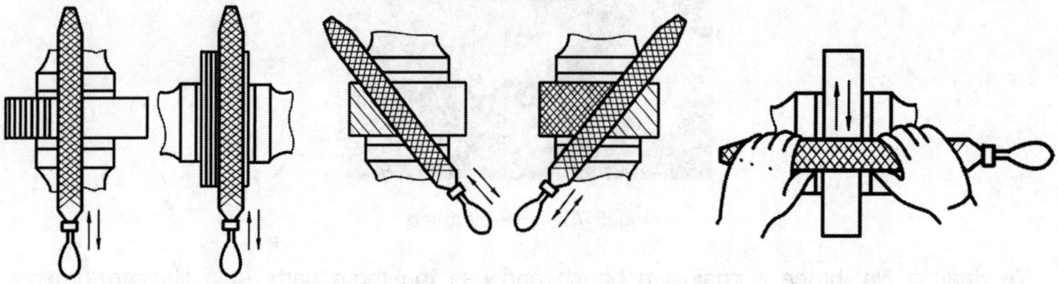

（　　　　　）　　　　　（　　　　　）　　　　　（　　　　　）

图 5-72　锉削方法

5. 在括号内填上图 5-73 中的锉刀的种类：

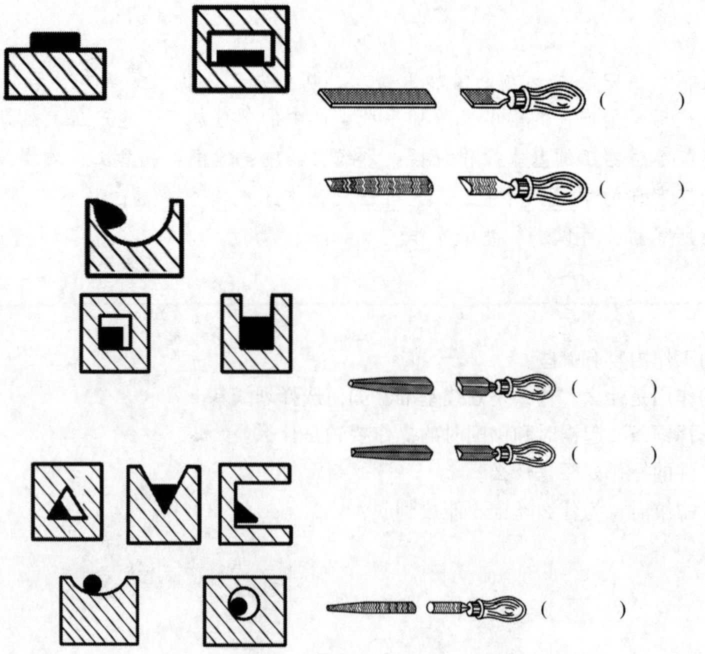

（　　　　）

（　　　　）

（　　　　）

（　　　　）

（　　　　）

图 5-73　锉刀的种类

6. 简述攻丝和套扣的区别。

7. 试述钻头、扩孔钻和铰刀的区别。

8. 减速器拆装实验报告

减速器类型：_____

（1）明细表：将减速器拆卸的所有零件种类及数量列在下表中，包括常用件和标准件，并标注标准件有关标准代号。

序号	代号	名称	数量	材料	备注

（2）填写下表中有关公差与配合和表面粗糙度等技术要求。

配合零件名称	配合公差代号	配合类型	表面粗糙度 Ra 值
轴与轴承内圈			
轴承外圈与箱壁孔			
轴与齿轮			
轴伸出端与透盖			
轴承盖与箱壁孔			
箱盖与箱体接合面			
箱体下底安装面			

（3）回答实验中拆装顺序与主要零件结构及功能中的所有问题。

（4）谈谈减速器拆装实验中的心得体会及改进建议。

第6章

车削加工

[**本章提要**] 本章介绍了车削加工定义和特点。针对工程训练的主要内容，介绍了车刀及其安装；工件的安装及所用附件；基本车削工作等。最后，介绍了车工实习训练的步骤。本章结尾配有车削加工的英语阅读材料。

6.1 车削加工简介

在车床上利用工件的旋转运动和刀具的移动来完成零件切削加工的方法称为车削加工，是加工回转面的主要方法，如图 6-1 所示。回转面是机械零件中应用最为广泛的表面形式，所以车削加工是各种加工方法中最为常用的方法。车削加工过程连续平稳，加工的范围很广，如图 6-2 所示，加工的尺寸公差等级范围为 IT11 ~ IT6，表面粗糙度 Ra 值为 12.5 ~ 0.8 μm。

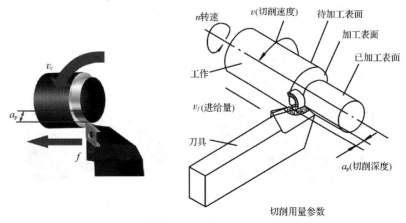

图 6-1　车削加工示意图和切削用量参数

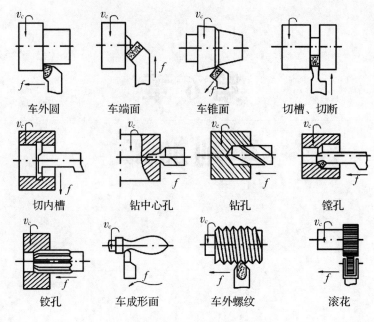

图6-2　车削加工范围

6.2　车工实习安全操作规定

实训前准备工作：

①检查穿戴，扎紧袖口（不准穿凉鞋、拖鞋、裙子和戴围巾、不准戴手套进入车间，女生和长发男生必须戴工作帽，将长发或辫子纳入帽内，如图6-3所示）；

②严禁在车间内追逐、打闹、喧哗、听广播等；

③未经培训者不可擅动机床。未经同意不准动用设备、扳动电闸等。

开车前准备工作：

①检查机床各手柄是否处于正常位置（图6-4）；

②传动带、齿轮安全罩是否装好；

③加油润滑。

图6-3　穿着规范

图6-4　机床

安装工件工作：

①工件要夹正、夹牢(图 6-5)；

②工件安装、拆卸完毕随手取下卡盘扳手(图 6-6)；

③安装、拆卸大工件时应使用木板保护床面。

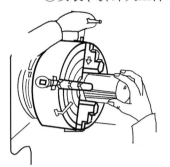

正爪安装工件

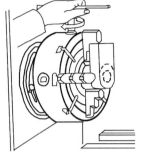

正反爪混装工件

图 6-5 工件安装

图 6-6 工件安装后务必取下扳手

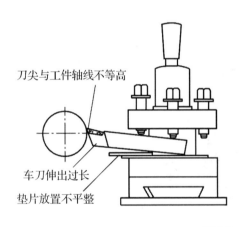

刀尖与工件轴线不等高

车刀伸出过长

垫片放置不平整

刀尖过低易被压断   刀尖过高不易切割

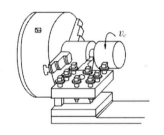

图 6-7 刀具安装

刀具安装工作：

①刀具要垫好、放正、夹牢(图 6-7)；

②装卸刀具时和切削加工时切记先锁紧方刀架；

③装好刀具和工件后进行极限位置检查(图 6-8)。

开车后：

①不能开车变速；

②不能开车度量工件尺寸；

③不能用手触摸旋转工件；

④不能用手拽切屑(图 6-9)；

⑤切削时不得离开机床。

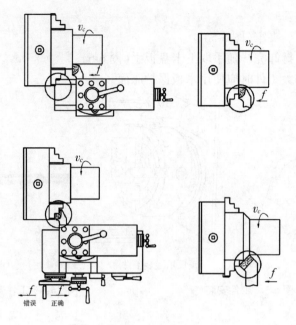

图 6-8 车刀切至极限位置的碰撞

图 6-9 车床切屑

工作完毕检查：关闭电源，擦净机床，清理场地。

6.3 卧式车床

6.3.1 车床编号

CM6132-A：（国标：GB/T 15375—1994）C—类别：车床；M—通用特性：精密型；6—组别：落地及卧式车床；1—型别：普通车床；32—主参数：床身上最大工件回转直径 320mm；A—重大改进序号（第一次）。

C6136：（部标：JB 1838—1985）：C—类别：车床；6—组别：落地及卧式车床；1—型别：普通车床；36—主参数：床身上最大工件回转直径 360mm。

SK360：（厂标）：SK—沈阳数控机床有限责任公司；360—主参数：床身上最大工件回转直径360mm。

6.3.2　卧式车床的组成

卧式车床的组成如图6-10所示。

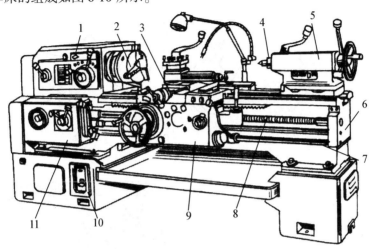

图6-10　卧式车床的组成

1-主轴箱；2-卡盘；3-刀架；4-后顶尖；5-尾座；6-床身；

7-光杠；8-丝杠；9-床鞍；10-底座；11-进给箱

6.4　车刀及其安装

车刀种类很多，其分类如下。

按照用途分：外圆刀、端面车刀、镗孔刀、切断刀、螺纹车刀、成形刀等。

按形状分为直头、弯头、尖刀、圆弧车刀、左偏刀、右偏刀等。

按结构分为整体式、焊接式、机夹式、可转位式等。

按刀头材料分为高速钢车刀和硬质合金车刀等，如图6-11、图6-12和图6-13所示。

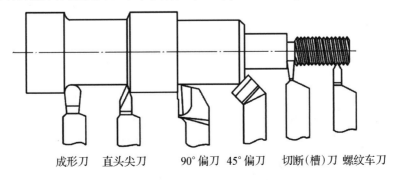

成形刀　　直头尖刀　　90°偏刀　45°偏刀　　切断(槽)刀　螺纹车刀

图6-11　按照用途和形状分类车刀

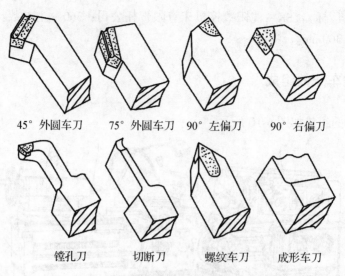

45° 外圆车刀   75° 外圆车刀   90° 左偏刀   90° 右偏刀

镗孔刀   切断刀   螺纹车刀   成形车刀

图 6-11   按照用途和形状分类车刀(续)

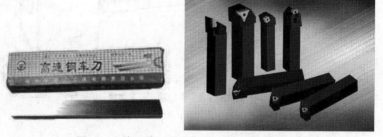

图 6-12   常用车刀材料：高速钢和硬质合金

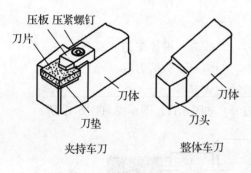

压板 压紧螺钉
刀片
刀体
刀体
刀垫
刀头

夹持车刀   整体车刀

图 6-13   整体式和夹持式车刀

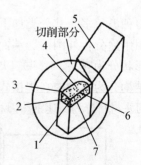

切削部分

图 6-14   车刀的切削部分
1-刀尖；2-副后面；3-副切削刃；4-前面；
5-刀杆；6-主切削刃；7-主后面

车刀一般由刀头和刀体(刀杆)两部分组成。刀头用于切削，称为切削部分。刀体用于支承刀头，并便于安装在刀架上，称为夹持部分。如图 6-14 所示是车刀的切削部分，一般由三面两刃一尖组成：

①前(刀)面：刀具上切屑流过的表面；

②主后(刀)面：与工件加工表面相对着的表面；

③副后(刀)面：与工件已加工表面相对着的表面；

④主切削刃：前面与主后面相交的切削刃；

⑤副切削刃：前面与副后面相交的切削刃；

⑥刀尖：主切削刃与副切削刃连接处的一部分切削刃。

6.5　工件的安装及所用附件

车床主要用于加工回转体表面，安装工件时应该使要加工表面回转中心和车床主轴的中心线重合，以保证工件位置准确；同时还要把工件卡紧，以承受切削力，保证工作时安全。车床常用附件有三爪及四爪卡盘、顶尖、中心架、跟刀架、心轴、花盘、弯板等。

6.5.1　三爪卡盘

三爪卡盘是车床上最常用的附件，图 6-15 是三爪卡盘的实物照片，图 6-16 为其结构和用途。当转动小锥齿轮时，可使与它相啮合的大锥齿轮随之转动，大锥齿轮的背面的平面螺纹就使三个卡爪同时向中心收缩或张开，以夹紧不同直径的工件。由于三个卡爪同时移动并能自行对中（对中精度约 0.05 ~ 0.15mm）。故三卡盘适于快速夹持截面为圆形、正三边形、正六边形的工件。

卡爪伸出卡盘的长度不能超过卡爪长度的一半，当直径过大，应采用"反爪"装卡，如图 6-17 所示。各爪都有编号，应按编号顺序装配。装拆卡盘时必须停车进行并在靠近卡盘的导轨上垫上木板。

图 6-15　三爪卡盘实物形状

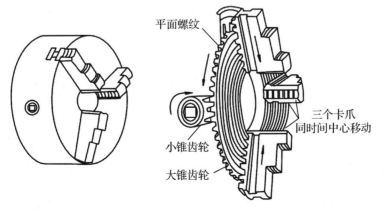

平面螺纹

三个卡爪
同时间中心移动

小锥齿轮

大锥齿轮

图 6-16　三爪卡盘构造及用途

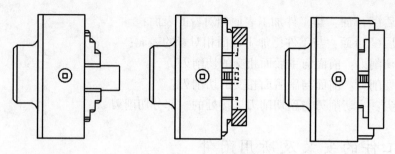

图 **6-16** 三爪卡盘构造及用途(续)

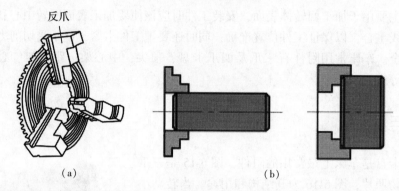

（a）　　　　　　　　　　　　　（b）

图 **6-17** 反爪的三爪卡盘及用途

（a）反爪卡盘　（b）正爪夹持棒料及反爪夹持大棒料

6.5.2 四爪卡盘

图 6-18 为四爪卡盘外观照片。一般常见的有两种：一种是四爪自定心卡盘；另一种是四爪单动卡盘。图 6-19 是其结构和用途。

6.5.3 顶尖

在车床上加工轴类零件时往往用顶尖来安装工件，如图 6-20 所示，把轴架在前

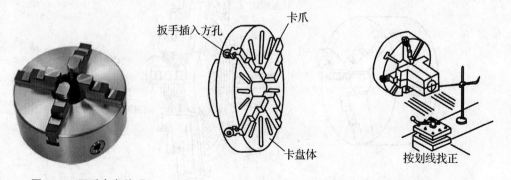

图 **6-18** 四爪卡盘外观

图 **6-19** 四爪卡盘结构和用途

后两个顶尖上，前顶尖装在主轴的锥孔内，并和主轴一起旋转，后顶尖装在尾架套筒内，前后顶尖就确定了轴的位置。将卡箍卡紧在轴端上，卡箍的尾部伸入到拨盘的槽中，拨盘安装在主轴上（安装方式和三爪卡盘相同），并随主轴一起旋转，通过拨盘带动卡箍（鸡心夹头）即可使轴转动。

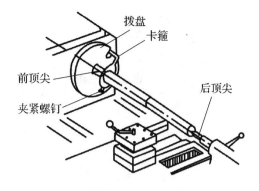

图 6-20　双顶尖安装工件

　　常用的顶尖有死顶尖和活顶尖两种。通常前顶尖用死顶尖，如图 6-21 是两种顶尖的实物照片和结构图。在高速切削时为了防止后顶尖与中心孔由于摩擦发热过大而磨损或烧坏，常采用活顶尖。由于活顶尖的准确度不如死顶尖高，故一般用于轴的粗加工或半精加工。轴的精度要求比较高时，后顶尖也应使用死顶尖，但要合理选择切削速度。

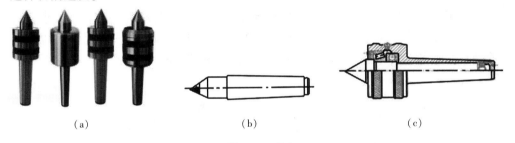

　　　　(a)　　　　　　　　　　　　(b)　　　　　　　　　　　　(c)

图 6-21　顶尖

(a)两种顶尖　(b)死顶尖　(c)活顶尖

6.5.4　花盘的使用

　　无法使用三爪或四爪卡盘装夹的工件，可用花盘装夹。用花盘、弯板及压板、螺栓安装工件形状不规则的工件。花盘是安装在车床主轴上的一个大圆盘，盘面上的许多长槽用以穿放螺栓，工件可用螺栓直接安装在花盘上，如图 6-22 所示。也可以把辅助支承角铁（弯板）用螺钉牢固夹持在花盘上，工件则安装在弯板上。如图 6-23 所示为加工一轴承座端面和内孔时，在花盘上装夹的情况。为了防止转动时因重心偏向一边而产生振动，在工件的另一边要加平衡铁。工件在花盘上的位置需经仔细找正。

图 6-22　花盘实物照片

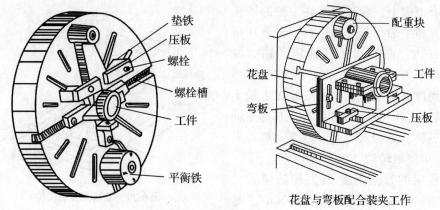

垫铁
压板
螺栓
螺栓槽
工件
平衡铁

配重块
花盘
工件
弯板
压板

花盘与弯板配合装夹工作

图 6-23　花盘装夹工件

6.5.5　心轴的使用

精加工盘套类零件时,如孔与外圆的同轴度,以及孔与端面的垂直度要求较高时,工件需在心轴上装夹进行加工,如图 6-24 所示。这时应先加工孔,然后以孔定位安装在心轴上,再一起安装在两顶尖上进行外圆和端面的加工。

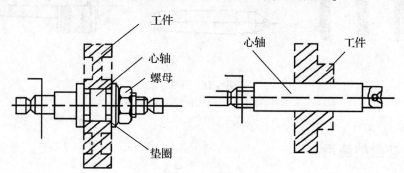

工件
心轴
螺母
垫圈

心轴
工件

图 6-24　心轴的使用

6.5.6　中心架和跟刀架的使用

当车削长度为直径 20 倍以上的细长轴或端面带有深孔的细长工件时,由于工件本身的刚性很差,当受切削力的作用,往往容易产生弯曲变形和振动,容易把工件车成两头细中间粗的腰鼓形。为防止上述现象发生,需要附加辅助支承,即中心架或跟刀架,如图 6-25 所示。

中心架主要用于加工有台阶或需要调头车削的细长轴,以及端面和内孔(钻中孔),如图 6-26 所示。中心架固定在床身导轨上的,车削前调整其三个爪与工件轻轻接触,并加上润滑油。

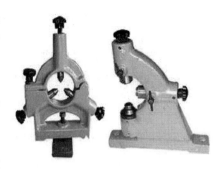

　　对不适宜调头车削的细长轴，不能用中心架支承，而要用跟刀架支承进行车削，以增加工件的刚性，如图 6-27 所示。跟刀架固定在床鞍上，一般有两个支承爪，它可以跟随车刀移动，抵消径向切削力，提高车削细长轴的形状精度和减小表面粗糙度，如图 6-28（a）所示为两爪跟刀架，因为车刀给工件的切削抗力 F'_i，使工件贴在跟刀架的两个支承爪上，但由于工件本身的向下重力，以及偶然的弯曲，车削时会瞬时离开支承

图 6-25　中心架、跟刀架

爪，接触支承爪时产生振动。所以比较理想的中心架需要用三爪中心架，如图 6-28（b）所示。此时，由三爪和车刀抵住工件，使之上下、左右都不能移动，车削时稳定，不易产生振动。

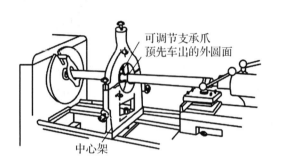
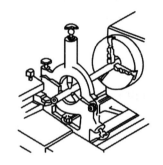

图 6-26　用中心架车削外圆、内孔及端面

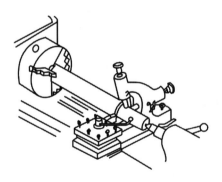

图 6-27　用跟刀架车削工件图

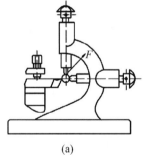
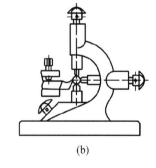

(a)　　　　　　　　(b)

图 6-28　跟刀架支承车削细长轴
（a）两爪跟刀架　（b）三爪跟刀架

6.6　车床操作要点

6.6.1　刻度盘及刻度盘手柄的使用

　　如图 6-29 所示为刻度盘，刻度盘每转一格，刀架移动的距离为：

$$移动距离 = \frac{丝杠螺距}{刻度盘格数}$$

如果车床横刀架丝杠螺距 5mm，刻度盘分为 100 格，故每转一小格横刀架移动距离为 0.05mm，由于工件是旋转的，所以工件直径改变 0.10mm。进刻度时如果刻度盘手柄转过了刻度盘不能直接退回所要刻度，需反转约一圈后再转至所需要的位置，如图 6-30 所示。

图 6-29　刻度盘

小刀架的刻度盘原理及使用和横刀架相同，其主要用于控制工件长度方向的尺寸，与加工圆柱面不同的是小刀架移动多少，工件的长度尺寸上就改变多少。

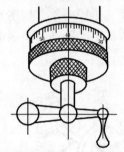

要求手柄转至30，却转过成40　　错误：直接退回30　　正确：反转一周后，再转至30

图 6-30　手柄摇过后纠正方法

6.6.2　试切

工件在车床上安装以后要根据工件的加工余量决定走刀次数和每次走刀的切深。半精车和精车时为了准确定切深，保证工件加工的尺寸精度，只靠刻度盘来进刀是不行的。因为刻度盘和丝杠都有误差，往往不能满足要求，因此需要试切。试切的方法与步骤如图 6-31 所示。其中，①~⑤项是试切的一个循环。如果尺寸合适了就按这个切深将整个表面加工完毕，如果尺寸还大就要自第⑥项开始重新进行试切直到尺寸合格。

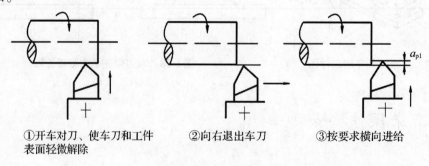

①开车对刀、使车刀和工件　　②向右退出车刀　　③按要求横向进给
表面轻微解除

图 6-31　试切

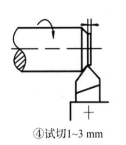
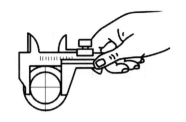
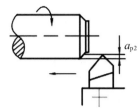

④试切1~3 mm　　　　⑤向右退出、停车、测量　　　⑥调整切深至a_{p2}后，自动进给车外圆

图 6-31　试切(续)

6.6.3　粗车

粗车的目的是尽快从工件上切去大部分加工余量，使工件接近最后的形状和尺寸。粗车要给精车留有合适的加工余量，而精度和表面质量要求很低。在生产中加大切深对提高生产率最有利而对车刀寿命的影响又最小。因此粗车优选较大的切深，切削速度一般采取中等或中偏低的数值。

粗车铸铁件第一刀切深应大于硬皮厚度，防止刀尖碰坏或磨损。选择切削用量还要看工件安装是否牢靠，若工件夹持部分长度短或表面凹凸不平时切削用量不宜过大。

6.6.4　精车

粗车给精车留下的加工余量一般为 0.5~2mm，精车的目的是要保证零件的尺寸精度和表面粗糙度的要求。精车的公差等级一般为 IT8~IT7，其尺寸精度主要依靠准确度量、准确进刻度及试切来保证。精车的表面粗糙度 Ra 数值一般为 3.2~1.6μm。因此背吃刀量较小，约 0.1~0.2mm，切削速度则可用较高或较低速，初学者可用较低速。为了提高工件表面粗糙度，用于精车的车刀的前、后刀面应采用油石加机油磨光，有时刀尖磨成一个小圆弧。

6.7　基本车削工作

6.7.1　车外圆

车外圆可以采用尖刀、弯头刀和偏刀，如图 6-32 和图 6-33 所示。尖刀主要用于粗车外圆和车没有台阶或台阶不大的外圆；弯头刀用于车外圆、端面、倒角和有 45°斜面的外圆；偏刀常用来车有垂直台阶的外圆和车细长轴。

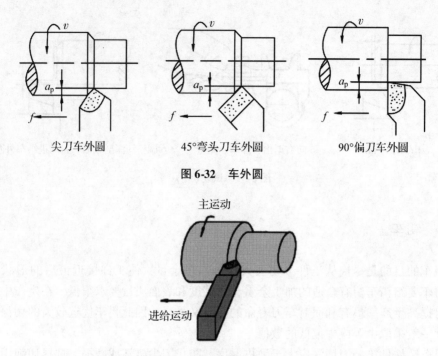

尖刀车外圆   45°弯头刀车外圆   90°偏刀车外圆

图 6-32   车外圆

主运动

进给运动

图 6-33   车外圆运动示意图

6.7.2   车台阶

车台阶如图 6-34 所示，当台阶高度小于 5mm 时，可用主偏角 90°的偏刀一次走刀切出；当台阶高度大于 5mm 时，可用约 95°的偏刀分层切削，最后横向切出，车出 90°台阶。

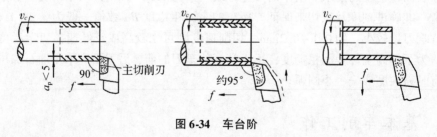

图 6-34   车台阶

6.7.3   车端面

车端面常用的刀具有偏刀和弯头车刀两种。车端面的方法如图 6-35 所示。

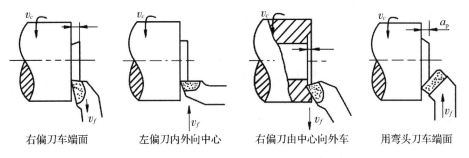

右偏刀车端面　　左偏刀内外向中心　　右偏刀由中心向外车　　用弯头刀车端面

图 6-35　车端面

6.7.4　切槽

车床上可以切外槽、内槽与端面槽，如图 6-36 所示。

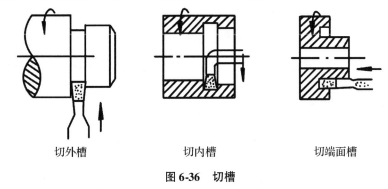

切外槽　　　　　切内槽　　　　　切端面槽

图 6-36　切槽

6.7.5　切断

切断一般在卡盘上进行，切断处应尽可能靠近卡盘，切断刀主切削刃必须对准工件旋转中心，较高或较低均会使工件中心部位形成凸台并损坏刀头，如图 6-37 所示。

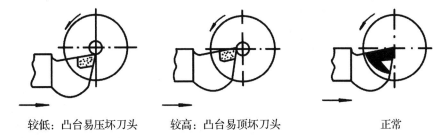

较低：凸台易压坏刀头　　较高：凸台易顶坏刀头　　　　正常

图 6-37　切断刀刀尖应与工件旋转中心等高

6.7.6 孔加工

车床上可以使用钻头、镗刀、扩孔钻、绞刀加工孔。

镗孔：如图 6-38 所示，锻出、铸出或钻出的孔进一步加工。镗孔可以较好地纠正原来孔轴线的偏斜，可做粗、半精与精加工。

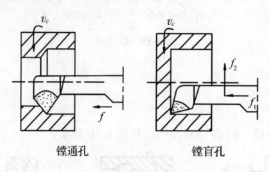

镗通孔　　　　　　　　　镗盲孔

图 6-38　车床上镗孔

钻、扩、绞孔：在车床上加工直径较小而精度较高和表面粗糙度要求较高的孔通常采用钻、扩、绞的方法。在车床上钻、扩、绞孔时工件旋转，钻头只做纵向进给，这与钻床是不同的，如图 6-39 所示。

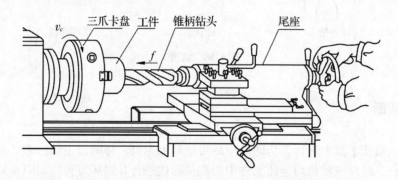

图 6-39　车床上钻、扩、绞孔时工件旋转，钻头只做纵向进给

钻孔如图 6-40 所示，若工件上无孔，需用钻头钻出孔来。钻孔的公差等级为 IT10 以下，表面粗糙度为 $Ra12.5\mu m$，多用于粗加工孔。

扩孔如图 6-41（a）所示，是用扩孔钻做钻孔之后的半精加工，公差等级可达到 IT10 ~ IT9，表面粗糙度为 Ra 6.3 ~ 3.2μm。

绞孔如图 6-41（b）所示，是用绞刀做扩孔或半精镗孔后的精加工，公差等级一般为 IT8 ~ IT7，表面粗糙度为 Ra 1.6 ~ 0.8μm。

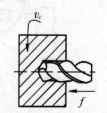

图 6-40　车床上钻孔

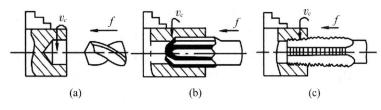

图 6-41　钻、扩、铰

（a）钻孔　（b）扩孔　（c）铰孔

6.7.7　车锥面

将工件车削成圆锥表面的方法称为车锥面。如图 6-42 所示，常用车削锥面的方法有成形刀车削法、转动小刀架法、靠模法、尾座偏移法等几种。

6.7.8　车螺纹

螺纹车刀的安装如图 6-43 所示。车螺纹可以是外螺纹或内螺纹，如图 6-44 所示，

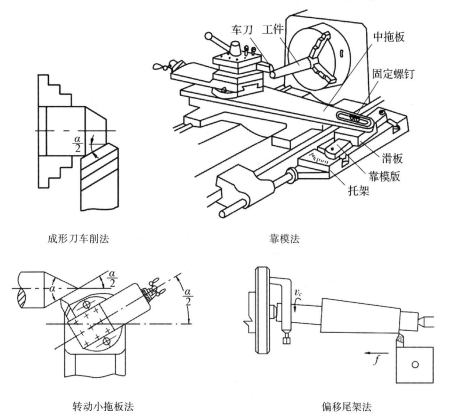

成形刀车削法　　　　　靠模法

转动小拖板法　　　　　偏移尾架法

图 6-42　车锥面

如果内螺纹的公称直径很小时，可以在车床上用丝锥攻出。以外螺纹为例，车螺纹的方法如图 6-45 所示。图 6-45（a）开车，使车刀与工件轻微接触记下刻度盘读数，向右退出车刀；图 6-45（b）合上对开螺母在工件表面上车出一条螺纹线，横向退出车刀，停车；图 6-45（c）开反车使车刀退到工件右端停车，用钢尺检查螺距是否正确；图 6-45（d）利用刻度盘调整切深，开车切削；图 6-45（e）车刀将至行程终了时，应做好切削退刀停车准备，先快速退出车刀然后停车，开反车退回刀架；图 6-45（f）再次横向进切深，继续。如图 6-45 所示为其切削过程的路线。

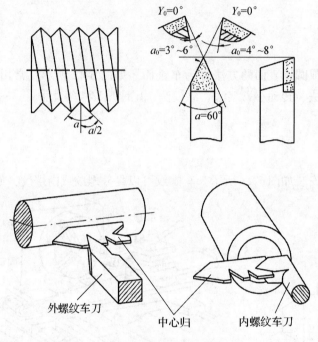

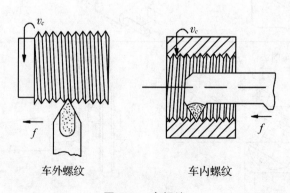

图 6-43　螺纹车刀安装

图 6-44　车螺纹

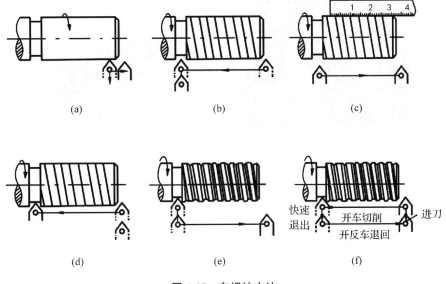

图 6-45　车螺纹方法

6.7.9　车成形面

有些机器零件表面的轴向剖面图呈曲线形，如图 6-46 所示的圆手柄，球形手柄等，具有这些特征的表面为成形面或特形面。成形面的主要加工方法有：双手控制法、成形法和仿形法。

双手控制法：操作方法是用双手同时摇动中、小滑板手柄，通过双手的协调动作，使车刀的运动轨迹做曲线运动，从而车出成形面。在生产中，通常是左手控制中滑板手柄，右手控制小滑板手柄。但考虑到劳动强度和操作者的习惯，也可采用左手控制床鞍手柄和右手控制中滑板手柄的方法同时协调动作来进行加工。双手控制法车成形面特点是灵活、方便，不需要其他辅助工具，但完全依靠劳动者的个人操作，需较高的技术水平，加工难道大、效率低、表面加工质量差、精度不高。因此，这种方法只适用于精度要求不高，单件或小批量的成形面工件的生产。

用成形刀车成形面如图 6-47 所示，把刀刃形状刃磨成和工件成形面形状相似的车刀称为成形刀(也称样板刀)。车削大圆角、内外圆弧槽、曲面狭窄而变化较大或数量较多的成形面工件时，常采用成形刀车削法。其加工精度主要靠刀具保证。由于切削时接触面较大，切削抗力也较大，容易出现振动和工件移位。因此，要求操作中切削速度应取小些，工件的装夹必须牢靠。

靠模法车成形面如图 6-48 所示，靠模法为事先做一个与工件形状相同的曲面靠模，仿形车削即可。适合于数量大，质量要求较高的批量生产。

图 6-46　具有成形面对手柄

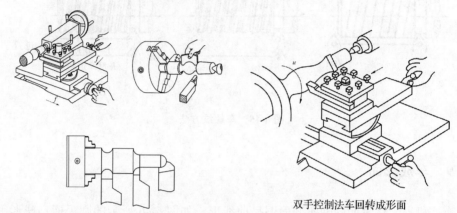

双手控制法车回转成形面

图 6-47　用成形车刀加工成形面

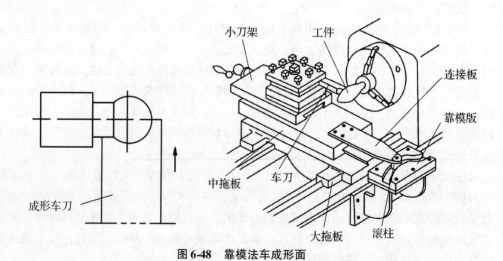

图 6-48　靠模法车成形面

6.8　车工实习训练

训练目的：

①了解车工安全知识。

②了解中心孔的种类和作用，掌握中心钻的选择、装夹和钻削方法。

③掌握一夹一顶装夹工件和车削细长轴工件的方法。

④学会调整尾座，找正车削过程中产生的锥度。

⑤掌握车螺纹的基本动作和方法。

⑥掌握滚花刀在工件上滚花的方法。

作业件及技术要求：

①作业件如图 6-49 所示。

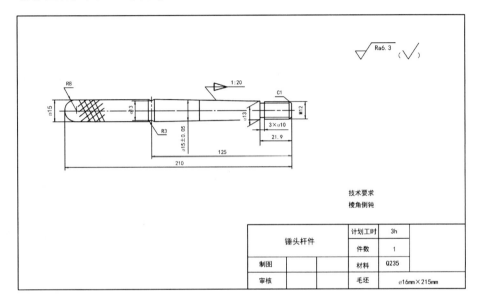

图 6-49　锤头杆件

②技术要求：综合运用外圆、成形面、锥面、螺纹车削方法加工工件。要求几何形状、尺寸、表面粗糙度符合图样要求。

加工重难点分析：工件长径比大于 25($l/d > 25$) 的轴类零件为细长轴。由于细长轴的刚性差，故在车削过程中可能会出现弯曲变形、表面粗糙、热变形伸长以及工件在两顶尖间被卡住等现象。

工艺准备：工艺卡见表 6-1。

①毛坯：45 钢 $\phi18 \times 215$ 圆钢。

②机床：车床 C6132。

③工具：45°端面车刀，90°右偏刀，3mm 割断刀，R3 球头车刀，M12 板牙，网纹滚花刀，$\phi2mm$ 中心钻，R8 成型车刀，三爪自定心卡盘，找正盘，卡盘扳手、刀架扳手、垫片、加力套筒等。

④量具：游标卡尺(0～150mm)，金属直尺(0～150mm)，外径千分尺(25～50mm)，M12×1.5 螺纹环规。

表 6-1　车锤头杆件工艺卡

工序	工序主要内容	切削用量			备注
		主轴转速（r/min）	进给速度（mm/min）	背吃刀量（mm）	
1. 基本准备	检查备料的各种尺寸，明确加工余量				
2. 钻中心孔	三爪自定心卡盘夹持毛坯外圆一端，找正，零件伸出长度 10~15mm				找正盘、卡盘扳手、加力套筒
	车右端面，端面车平	400~500	60	1	45°端面车刀、金属直尺
	钻中心孔	800~1000	手动		$\phi2mm$ 中心钻
	调头换向夹持零件左端，伸出长度 10~15mm，车左端面，端面车平	400~500	60	1	找正盘、卡盘扳手、加力套筒
	钻中心孔	800~1000	手动		$\phi2mm$ 中心钻
3. 滚花	三爪自定心卡盘夹持毛坯，工件伸出长度 200mm，右端活顶尖支撑				卡盘扳手、加力套筒
	粗车直径 $\phi15$ 到尺寸，长度 200mm，外圆留 0.5 余量	300~400	80	0.5~1	90°右偏刀、金属直尺、游标卡尺
	精车工件滚花表面与 $\phi(15\pm0.05)mm$ 外圆，保证精度。滚花部分的外径，应车小于（0.2~0.5）倍滚花节距	400~500	60	0.01~0.5	90°右偏刀、金属直尺、游标卡尺、外径千分尺
	①滚花刀安装。滚花刀中心与工件回转中心等高；滚轮表面相对于工件表面向左倾斜 3°~5°。②滚花时，切削速度应低些，纵向进给量大些，还需浇注切削油以润滑滚轮，并经常清除滚压产生的切屑。③滚花保证滚花长度	50~70	80	0.2	网纹滚花刀
4. 车螺纹大径	调头换向三爪自定心卡毛坯右端，工件伸出 200mm，左端活顶针支撑				卡盘扳手、加力套筒
	粗车螺纹公称尺寸 $\phi12mm$ 到尺寸，长度 21.9mm，留 0.5mm 余量	300~400	80	0.5~1	90°右偏刀、金属直尺、游标卡尺
	精车套螺纹大径 $d_0 = 11.805\ mm$，长度 21.9mm（$d_0 = d_公 - 0.13P$）	400~500	60	0.01~0.5	90°右偏刀、金属直尺、游标卡尺、外径千分尺
	割螺纹退刀槽 3×$\phi10mm$ 到尺寸	300~400	手动		3mm 割断刀
5. 车锥面、圆弧槽	粗车圆锥面。调整小刀架锥度，车削 1:20 锥度到尺寸，留 0.5mm 余量	300~400	80	0.5~1	90°右偏刀、金属直尺、游标卡尺
	精车圆锥面，保证锥面 1:20 锥度和表面粗糙度	400~500	60	0.01~0.5	90°右偏刀、金属直尺、游标卡尺
	割圆弧槽 R3mm 到尺寸	300~400	手动		R3 球头车刀
	倒角及去锐角	400~500	手动	0.2~2	45°端面车刀
6. 套螺纹	手动套螺纹，保证螺扣套通		手动		M12 板牙

（续）

工序	工序主要内容	切削用量			备注
		主轴转速 （r/min）	进给速度 （mm/min）	背吃刀量 （mm）	
7. 车半球面	三爪自定心卡盘夹持滚花表面，工件伸出长度15mm				卡盘扳手、加力套筒
	车端面，保证总长210mm	400~500	手动	1	45°端面车刀、金属直尺
	车 R8 mm 成形半球面，去飞边（注意装夹成形刀时，主切削刃应与工件中心等高）	300~400	手动		R8 成形刀
8. 检查质量	外圆与长度用游标卡尺检验，螺纹用 M12×1.5 环规检测				

6.9　英语阅读材料 No.7

Lathe Operations

In the following section, we discuss the various machining operations that can be performed on a conventional engine lathe. It must be borne in mind, however, that modern computerized numerically controlled lathes have more capabilities and can do other operations, such as contouring, for example. Following are conventional lathe operations.

Cylindrical turning

Cylindrical turning is the simplest and the most common of all lathe operations. A single full turn of the workpiece generates a circle whose center falls on the lathe axis; this motion is then reproduced numerous times as a result of the axial feed motion of the tool. The resulting machining marks are, therefore, a helix having a very small pitch, which is equal to the feed. Consequently, the machined surface is always cylindrical.

The axial feed is provided by the carriage or the compound rest, either manually or automatically, whereas the depth of cut is controlled by the cross slide.

In roughing cuts, it is recommended that large depths of cuts (up to 0.25in. or 6mm, depending upon the workpiece material) and smaller feeds would be used. On the other hand, very fine feeds, smaller depths of cut (less than 0.05in, or 0.4mm), and high cutting speeds are preferred for finishing cuts.

Facing

The result of a facing operation is a flat surface that is either the whole end surface of the workpiece or an annular intermediate surface like a shoulder. During a facing operation, feed is provided by the cross slide, whereas the depth of cut is controlled by the carriage or compound rest.

Facing can be carried out either from the periphery inward or from the center of the workpiece outward. It is obvious that the machining marks in both cases take the form of a spiral.

Usually, it is preferred to clamp the carriage during a facing operation, since the cutting force tends to push the tool (and, of course, the whole carriage) away from the workpiece. In most facing operations, the workpiece is held in a chuck or on a face plate.

Groove cutting

In cut-off and groove-cutting operations, only cross feed of the tool is employed. The cut-off and grooving tools, which were previously discussed, are employed. Boring and internal turning. Boring and internal turning are performed on the internal surfaces by a boring bar or suitable internal cutting tools. If the initial workpiece is solid, a drilling operation must be performed first. The drilling tool is held in the tailstock, and the latter is then fed against the workpiece.

Taper turning

Taper turning is achieved by driving the tool in a direction that is not parallel to the lathe axis but inclined to it with an angle that is equal to the desired angle of the taper. Following are the different methods used in taper-turning practice:

①Rotating the disc of the compound rest with an angle equal to half the apex angle of the cone.

②Employing special form tools for external, very short, conical surfaces. The width of the workpiece must be slightly smaller than that of the tool, and the workpiece is usually held in a chuck or clamped on a face plate.

③Offsetting the tailstock center.

④Using the taper-turning attachment.

Thread cutting

When performing thread cutting, the axial feed must be kept at a constant rate, which is dependent upon the rotational speed (rpm) of the workpiece. The relationship between both is determined primarily by the desired pitch of the thread to be cut.

As previously mentioned, the axial feed is automatically generated when cutting a thread by means of the lead screw, which drives the carriage. When the lead screw rotates a single revolution, the carriage travels a distance equal to the pitch of the lead screw.

Consequently, if the rotational speed of the lead screw is equal to that of the spindle (i. e. , that of the workpiece), the pitch of the resulting cut thread is exactly equal to that of the lead screw.

In thread cutting operations, the workpiece can either be held in the chuck or mounted between the two lathe centers for relatively long workpieces. The form of the tool used must exactly coincide with the profile of the thread to be cut, i. e. , triangular tools must be used for triangular threads, and so on.

Knurling

Knurling is mainly a forming operation in which no chips are produced. It involves pressing two hardened rolls with rough file like surfaces against the rotating workpiece to cause plastic deformation of the workpiece metal.

Knurling is carried out to produce rough, cylindrical (or conical) surfaces, which are usually used as handles. Sometimes, surfaces are knurled just for the sake of decoration; there are different types of patterns of knurls from which to choose.

本章小结

车工是用车床加工的一种方法。车工生产效率高、生产成本低、工艺范围广。车床主要用于加工各种回转表面,如内、外圆柱面,圆锥面,成形回转表面及端面等,车床还能加工螺纹面。若使用孔加工刀具(如钻头、铰刀等),还可加工内圆表面。车工是实习中最危险的工种,实习中要严格遵守安全操作规程。

思考题

1. 车床有哪些部分组成? 各起什么作用?

2. 常用车刀有哪些种类,其用途是什么? 车刀安装时有哪些注意事项?

3. 粗车和精车的目的是什么? 切削用量的选择有何不同?

4. 车削外圆的切削步骤是什么?

5. 车床的主运动与进给运动各是什么?

6. 车床上能加工哪些表面? 各用什么刀具? 各需要什么样的运动?

7. 车床上安装工件的方法有哪些? 各适用于哪些种类、哪些要求的零件?

8. 三爪卡盘与四爪卡盘相比哪个装夹精度高? 为什么?

9. 切断时,车刀易折断的原因是什么? 操作过程中怎样防止车刀折断?

10. 车床上加工成形面的方法有几种? 各适用于什么情况?

实习报告

1. 你使用的车床的型号为_____，其后两位数字代表_____；其主要组成有_____、_____、_____、_____、_____、_____、_____、_____。

2. 为什么要开车对刀（即确定刀具与工件的接触点）？

3. 车床的主运动是_____，进给运动是_____。
车床的切削用量是指①_____，②_____，③_____。
其符号和单位分别为①_____，②_____，③_____。

4. 在 C6136 车床上车削如图 6-50 所示的螺纹，应如何正确选择下列几项内容？请在正确位置上的括号内画"√"，并填写有关内容。

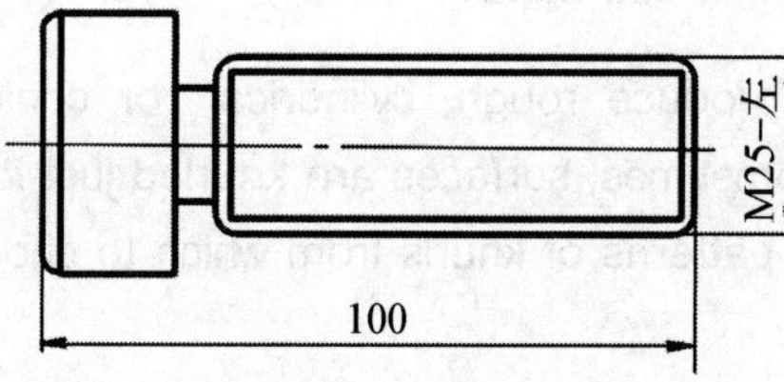

图 6-50 螺纹示意图

(1) 电门：正转(_____)，反转(_____)。
(2) 控制走刀方向手柄：向右(_____)，中间(_____)，向左(_____)。
(3) 自动走刀手柄：纵向(_____)，横向(_____)。
(4) 开合螺母手柄：开(_____)，闭(_____)。
(5) 工件螺距大小要靠调整 _____和_____来保证。

5. 精车时为什么要试切？

6. 加工盘套类零件时，所谓"一刀活"的含义是：

采用"一刀活"的目的是：

7. 车床可加工的 8 种回转表面是指：① ___外圆（示例）___，② _____，③ _____，④ _____，⑤ _____，⑥ _____，⑦ _____，⑧ _____。

8. 车削加工的尺寸公差等级一般为_____，表面粗糙度 *Ra* 值一般为_____
____。根据你实习的体会，降低零件表面粗糙度 *Ra* 值的方法有哪些？

9. 翻译句子

Facing

The result of a facing operation is a flat surface that is either the whole end surface of the workpiece or an annular intermediate surface like a shoulder. During a facing operation, feed is provided by the cross slide, whereas the depth of cut is controlled by the carriage or compound rest.

Facing can be carried out either from the periphery inward or from the center of the workpiece outward. It is obvious that the machining marks in both cases take the form of a spiral.

Usually, it is preferred to clamp the carriage during a facing operation, since the cutting force tends to push the tool (and, of course, the whole carriage) away from the workpiece. In most facing operations, the workpiece is held in a chuck or on a face plate.

翻译：

第 7 章

数控加工

[**本章提要**] 本章介绍了数控加工定义、特点以及数控机床的主要组成和基本加工过程。以工程训练的主要内容"数控铣削"加工为例，介绍了安全操作规定，数控加工基本工艺流程。本章结尾为数控加工工艺的英语阅读材料和普通铣削加工阅读材料。

7.1 数控加工工艺简介

7.1.1 数控加工的概念和原理

数控加工是指在数控机床上进行零件加工的工艺过程，其原理就是将零件图形和工艺参数、加工步骤等以数字信息的形式，编成程序代码输入到机床控制系统中，再由其进行运算处理后，转换成驱动伺服机构的指令信号，从而控制机床各个部件协调动作。

7.1.2 数控加工的特点

①适应性广，能实现复杂零件的加工，加工不同零件只需编制不同的零件程序，适合多品种、中小批量零件的自动化加工。

②精度高、质量稳定，工作过程不需要人工干预，数控机床的机械部分和传动部分达到较高的精度，零件加工的一致性高。

③生产效率高，减轻劳动强度，数控机床的主轴转速高，进给量的范围大，可在一台机床上实现多道工序的连续加工，减少了零件装夹次数，减少了对熟练技术工人的依赖。

7.1.3 数控机床的主要组成

数控机床的工作原理是加工零件时，首先要根据加工零件的图样与工艺方案，按划定的代码和程序格局编写零件的加工程序单，这是数控机床的工作指令。通过控制介质将加工程序输入到数控装置，由数控装置将其译码、寄存和运算之后，向机床各个被控量发出信号，控制机床主运动的变速、起停、进给运动及方向、速度和位移量，以及刀具选择交换，工件夹紧松开和冷却润滑液的开、关等动作，使刀具与工件及其他辅助装置严格地按照加工程序划定的顺序、轨迹和参数进行工作，从而加工出符合要求的零件。

数控机床一般由控制介质、数控系统、伺服系统、检测反馈装置和机床本体等组成，如图 7-1 所示。

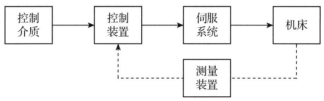

图 7-1 数控机床的组成

数控系统：是机床实现自动加工的核心。数控系统所控制的对象是位置、角度、速度等机械量，以及温度、压力、流量等物理量。

伺服系统及测量装置：是数控系统与机床本体之间的电传动联系环节。主要由伺服电动机、驱动控制系统及位置检测反馈装置等组成。伺服电动机是系统的执行元件。数控系统发出的指令信号与位置检测反馈信号比较后作为位移指令，经驱动控制系统功率放大后，驱动电动机运转，再通过机械传动装置拖动工作台或刀架运动。

机床本体：是数控机床机械结构实体，与传统的普通机床相比较，其具有高性能，主传动及主轴部件传递功率大、刚度高、抗震性好及热变形小等特点。进给传动的传动链短、结构简单、传动精度高。有完善的刀具自动交换、工件自动交换、工件夹紧与放松机构。工件一次安装能自动地完成工件各面的加工。床身机架具有很高的动、静刚度。采用全封闭罩壳，操作安全。常见数控机床外观如图 7-2 所示。

图 7-2 常见数控机床

数控机床按机械运动的轨迹可分为点位控制系统、直线控制系统和轮廓控制系统，如图7-3所示。点位控制是数控系统只控制刀具从一点到另一点的准确位置，而不控制运动轨迹，各坐标轴之间的运动是不相关的，在移动过程中不对工件进行加工。这类数控机床主要有数控钻床、数控坐标镗床、数控冲床等。直线控制是数控系统除了控制点与点之间的准确位置外，还要保证两点间的移动轨迹为一直线，并且对移动速度也要进行控制，也称点位直线控制。这类数控机床主要有比较简单的数控车床、数控铣床、数控磨床等。单纯用于直线控制的数控机床已不多见。轮廓控制是能够对两个或两个以上的运动坐标的位移和速度同时进行连续相关的控制，它不仅要控制机床移动部件的起点与终点坐标，而且要控制整个加工过程的每一点的速度、方向和位移量，也称为连续控制数控机床。这类数控机床主要有数控车床、数控铣床、数控线切割机床、加工中心等。

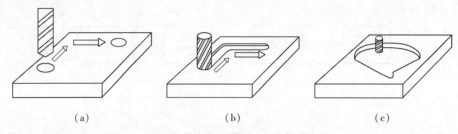

图7-3　按照机械运动轨迹的数控机床分类

（a）点位控制　（b）直线控制图　（c）轮廓控制

数控机床的伺服系统可分为开环控制系统、闭环控制系统和半闭环控制系统，如图7-4所示。开环控制数控机床：这类机床不带位置检测反馈装置，通常用步进电机作为执行机构。输入数据经过数控系统的运算，发出脉冲指令，使步进电机转过一个步距角，再通过机械传动机构转换为工作台的直线移动，移动部件的移动速度和位移量由输入脉冲的频率和脉冲个数所决定。半闭环控制数控机床：在电机的端头或丝杠的端头安装检测元件（如感应同步器或光电编码器等），通过检测其转角来间接检测移动部件的位移，然后反馈到数控系统中。由于大部分机械传动环节未包括在系统闭环环路内，因此可获得较稳定的控制特性。其控制精度虽不如闭环控制数控机床，但调试比较方便，因而被广泛采用。闭环控制数控机床：这类数控机床带有位置检测反馈装置，其位置检测反馈装置采用直线位移检测元件，直接安装在机床的移动部件上，将测量结果直接反馈到数控装置中，通过反馈可消除从电动机到机床移动部件整个机械传动链中的传动误差，最终实现精确定位。

数控机床按控制坐标轴数可分为两坐标数控机床、三坐标数控机床和多坐标数控机床。按数控功能水平可分为高档数控机床、中档数控机床和低档数控机床。但从用户角度考虑，按机床加工方式或能完成的主要加工工序来分类更为合适。按照数控机床的加工方式，可以分为金属切削类数控机床（如数控车床、数控铣床、数控钻床、数控镗床、数控磨床、数控齿轮加工机床和加工中央等）和金属成形类机床（如数控折弯机、数控弯管机、数控冲床、数控旋压机等）。

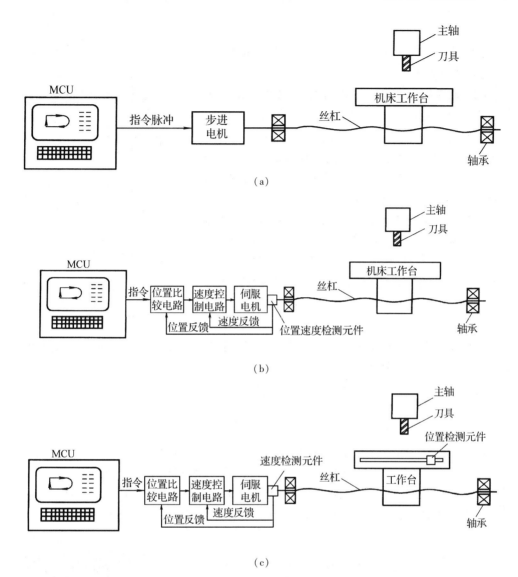

图 7-4 按照伺服系统分类的数控机床

（a）开环控制系统框图 （b）半闭环控制系统框图 （c）闭环控制系统框图

7.1.4 数控机床的基本工作过程

数控机床的基本工作过程如图 7-5 所示，归纳为如下三个步骤。

（1）程序编制

根据零件图样，结合加工工艺，将加工零件的加工顺序、刀具运动轨迹的尺寸数据、工艺参数（主运动和进给运动速度、切削深度等）以及辅助操作（换刀、主轴正反转、冷却液开关、刀具夹紧、松开等）加工信息，用规定的文字、数字、符号组成的代码，按一定格式编写成加工程序。

（2）程序调试

程序送入数控系统后，进行调试、修改和储存。

（3）零件加工

加工时就按所调试程序进行有关数字信息处理，包括两部分内容：

①通过插补运算器进行加工轨迹运算处理，控制伺服系统驱动机床各坐标轴，使刀具与工件的相对位置按照被加工零件的形状轨迹进行运动，并通过位置检测反馈以确保其位移精度。

②按照加工要求，通过 PLC 控制主轴及其他辅助装置协调工作，如主轴变速、主轴齿轮换挡，适时进行 ATC 刀具自动交换，APC 工件自动交换、工件夹紧与放松、润滑系统定时开停、切削液按要求开关，必要时过载或限位保护起作用，控制机床运动迅速停止。

工程训练中，数控实习主要包括数控铣实习和精雕实习两部分内容，分别叙述如下。

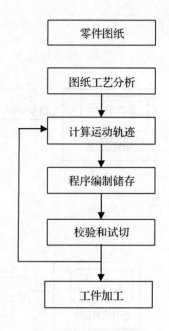

图 7-5　程序的编制与调试框图

7.2　数控铣削加工

数控铣床是目前广泛采用的数控机床，主要用于各类较复杂的平面、曲面和壳体类零件的加工，如各类模具、样板、叶片、凸轮、连杆和箱体等。并能进行铣槽、钻、扩、铰、镗孔的工作，特别适合复杂曲面模具零件的加工。能够加工普通铣床不能铣削的 2~5 坐标联动的各种平面轮廓和立体轮廓。数控铣床常见加工零件如图 7-6 所示。

图 7-6　数控铣床常见加工零件

7.2.1　数控铣实习的内容与要求

①熟悉数控机床的操作加工技术。数控铣床一般结构如图 7-7 所示。

②熟悉数控铣床的手工编程方法，能独立完成简单程序的编写。

③熟练完成典型零件的数控加工。

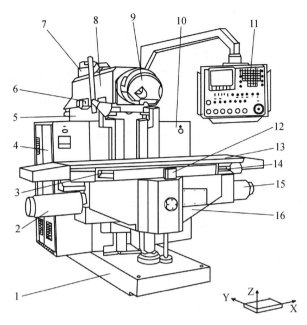

图 7-7 数控铣床一般结构

1-底座；2-伺服电动机；3、14-行程限位挡铁；4-强电柜；5-床身；6-横向限位
开头；7-后壳体；8-滑杖；9-万能铣头；10-数控柜；11-操作面板；12-纵向限
位开头；13-工作台；15-伺服电动机；16-升降滑座

7.2.2 数控铣实习的注意事项

安全注意事项：

①注意不要移动或损坏安装在机床上的警告标牌；

②注意不要在机床周围放置障碍物，工作空间应足够大；

③某一项工作如需要两人或多人共同完成时，应注意相互间的协调一致；

④不允许采用压缩空气清洗机床、电气柜及 NC 单元；

⑤应在指定的机床和计算机上进行实习。未经允许，其他机床设备、工具或电器开关等均不得乱动。

工作过程中注意事项：

①加工过程中，操作者不得擅自离开机床，应保持思想高度集中，观察机床的运行状态。若发生不正常现象或事故时，应立即终止程序运行，切断电源并及时报告指导老师，不得进行其他操作。

②严禁用力拍打控制面板、触摸显示屏。严禁敲击工作台、分度头、夹具和导轨。

③严禁私自打开数控系统控制柜进行观看和触摸。

④操作人员不得随意更改机床内部参数。实习学生不得调用、修改其他非自己所编的程序。

⑤机床控制微机上，除进行程序操作和传输及程序拷贝外，不允许作其他操作。

⑥数控铣床属于大型精密设备，除工作台上安放工装和工件外，机床上严禁堆放任何工、夹、刃、量具、工件和其他杂物。

⑦禁止用手接触刀尖和铁屑，铁屑必须要用铁钩子或毛刷来清理。

⑧禁止用手或其他任何方式接触正在旋转的主轴、工件或其他运动部位。

⑨禁止加工过程中测量工件、手动变速，更不能用棉丝擦拭工件，也不能清扫机床。在程序运行中须暂停测量工件尺寸时，要待机床完全停止、主轴停转后方可进行测量，以免发生人身事故。

⑩禁止进行尝试性操作。

⑪使用手轮或快速移动方式移动各轴位置时，一定要看清机床 X、Y、Z 轴各方向 " + 、 – " 号标牌后再移动。移动时先慢转手轮观察机床移动方向无误后方可加快移动速度。

⑫关机时，要等主轴停转 3 分钟后方可关机。

工作完成后的注意事项：

①清除切屑、擦拭机床，使机床与环境保持清洁状态。各部件应调整到正常位置。

②检查润滑油、冷却液的状态，及时添加或更换。

③依次关掉机床操作面板上的电源和总电源。

④打扫现场卫生，填写设备使用记录。

7.2.3　典型零件的加工过程

数控加工一般过程如图 7-8 所示。首先是零件工艺分析，然后编写加工程序并输入，机床控制单元显示刀具路径，程序输送到数控机床，按照程序进行零件加工。

分析示例加工零件图纸，如图 7-9 所示。

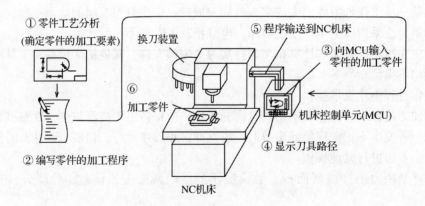

图 7-8　数控加工一般过程

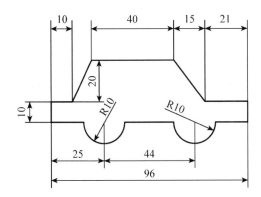

图 7-9　零件图纸

图 7-10　华中 I 型数控 XK-731 铣床

①选择加工设备，华中科技大学和武汉华中数控有限公司共同研制和开发的华中 I 型数控 XK-713 铣床如图 7-10 所示。

②毛坯尺寸 300mm × 200mm × 100mm。

③进行工艺分析，确定加工方案。

④编写加工程序，并在数控铣床上调试通过。

1. % 0001

1. N10 G90 G54

2. N20 G00 Z30

3. N30 G00 X-10 Y0

4. N40 M03 S900 F300

5. N50 G01 Z-2

6. N60 G42 G01 X0 Y0 D01

7. N70 G01 X16 Y0

8. N80 G03 X36 Y0 I-10 J0

9. N90 G01 X60 Y0

10. N100 G03 X80 Y0 I-10 J0

11. N110 G01 X96 Y0

12. N120 G01 X96 Y10

13. N130 G01 X75 Y10

14. N140 G01 X60 Y30

15. N150 G01 X20 Y30

16. N160 G01 X10 Y10

17. N170 G01 X0 Y0

18. N180 G01 X0 Y0

19. N190 G01 X0 Y-10

20. N200 G01 Z30

21. N210 G40

22. N220 M05

23. N230 M30

⑤在数控铣床上安装毛坯，如图 7-11 所示。

⑥安装刀具，进行"对刀"操作，使零件坐标系原点与编程原点重合。机床坐标系是机床固有的坐标系。编程坐标系是编制加工程序所使用的坐标系。数铣或加工中心将 X、Y 方向的编程原点设定在工件上表面中心或工件外轮廓某一棱边的中心/端点上，而 Z 方向的编程原点设定于工件的上表面，如图 7-12 所示。

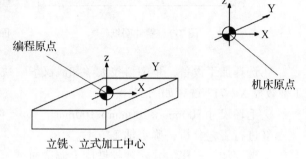

图 7-11　数控铣床毛坯安装　　　　**图 7-12　对刀操作**

当把工件装夹到机床上时，数控系统并不知道工件的位置；需要把工件所在的位置告诉数控系统，建立起刀具与工件的相互位置关系。这个过程称作"对刀"，即确定刀具的刀位点在工件坐标系中的起始位置（对刀点）；确定刀具刀位点与机床坐标原点之间的关系。

可采用如下两种方法进行对刀：

第一种：G92 对刀指令。使用该指令，数控系统在加工之前送入系统的某个单元，其后的加工程序中的编程尺寸都是在这个工件坐标系的尺寸。设置的加工原点随刀具起始点位置的变化而变化。机床坐标系和工件坐标系通过刀具建立关系，如图 7-13 所示。

起刀点：A

G92 X20 Y30

起刀点：B

G92 X10 Y10

第二种坐标系选择指令 G54 ~ G59，如图 7-14 所示。

a）使用该组指令之前，先用手动方式输入各坐标原点在机床坐标系中的坐标值。

b）在使用该指令后，其后的编程尺寸都是相对于相应坐标系的。

c）这类指令是续效指令。

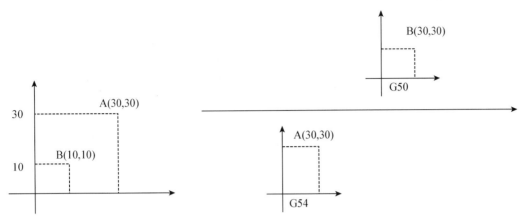

图 7-13　第一种：G92 对刀指令　　　　图 7-14　第二种坐标系选择指令 G54～G59

刀具由当前点移动到 A 点，再到 B 点。

```
%1000
N01 G54G00G90X40Z30
N02 G59
N03 G00X30Z30
N04 M30
```

⑦进行零件加工，如图 7-15 所示。

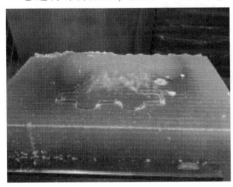

图 7-15　加工过程

7.3　数控车床加工

7.3.1　认识数控车床

实习所用数控车床为华中数控生产的 CK6136 车床，如图 7-16 所示，机床具体参数见表 7-1 所列。

表 7-1　CK6136 数控车床主要参数表

项目	单位	参数	参数
机床型号		CK6136	CK6140
车身上最大工件回转直径	mm	360	400
滑板上最大工件回转直径	mm	205	245
最大工件长度	mm	750　1000　1500	750　1000　1500
主轴通孔直径	mm	52/58	52/58
主轴孔莫氏锥度		No. 6	No. 6
主轴转速范围, 无级变速	rpm	120 ~ 2000	120 ~ 2000
快速移动速度, X 轴/Z 轴	mm/min	4500/6000	4500/6000
工作进给速度, X 轴/Z 轴	mm/min	3-2500/6-3000	3-2500/6-3000
最小设定单位, X 轴/Z 轴	mm	0.001/0.001	0.001/0.001
回转刀架工位数		4/6(可选)	4/6(可选)
主电机功率	kW	5.5	5.5
机床净重	kg	1500	1500
机床外观尺寸(长×宽×高)	mm	2025×1005×1466(750)	2125×1005×1466(750)
数控系统		HNC-18iT/19iT　HNC-21T 华中世纪星数控系统	

图 7-16　CK6136 数控车床外观

7.3.2　数控车编程基础

数控车编程与数控铣编程基本相同, 只是有一些区别, 这里只介绍与数控铣不同的地方。

7.3.2.1　数控车床机床坐标系

(1)基本坐标轴

数控车床的坐标轴和方向的命名制订了统一的标准, 规定直线进给运动的坐标轴用 X、Z 表示, 常称基本坐标轴, 如图 7-17 所示。

(2)旋转轴

围绕 X、Z 轴旋转的圆周进给坐标轴分别用 A、C 表示, 根据右手螺旋定则, 以大拇指指向 +X、+Z 方向, 则食指、中指等的指向是圆周进给运动的 + A、+ C

方向。

（3）附加坐标轴

在基本的线性坐标轴 X、Z 之外的附加线性坐标轴指定为 U、W 和 P、R。这些附加坐标轴的运动方向，可按决定基本坐标轴运动方向的方法来决定。

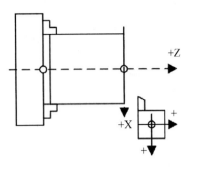

7.3.2.2 数控车床编程指令

数控车床编程指令见表 7-2 所列。

图 7-17 数控车床基本坐标系

表 7-2 M 指令（辅助功能）

指令	功能	说　　　　　明	备注
M00	程序暂停	执行 M00 后，机床所有动作均被切断，重新按程序启动按键后，再继续执行后面的程序段	
M01	任选暂停	执行过程和 M00 相同，只是在机床控制面板上的"任选停止"开关置于接通位置时，该指令才有效	*
M03	主轴正转		
M04	主轴反转		
M05	主轴停		
M07	切削液开		*
M09	切削液关		*
M30	主程序结束	切断机床所有动作，并使程序复位	
M98	调用子程序	其后 P 地址指定子程序号，L 地址指定调运次数	
M99	子程序结束	子程序结束，并返回到主程序中 M98 所在程序行的下一行	

（1）S、F、T 指令

①S 指令（主轴功能）：

· 转/每分钟（M03 后）；

· 米/每分钟（G96 恒线速有效）；

· 转/每分钟（G97 取消恒线速）。

②F 指令（进给功能）：

· 每分钟进给（G94）；

· 每转进给（G95）。

③T 指令（刀具功能）：

格式：T <u>刀号</u> <u>刀偏号</u>

（2）G 指令

G 指令见表 7-3 所列。

表 7-3　G 指令

代码	组号	意义	代码	组号	意义
G00		快速定位	G57		
G01	01	直线插补	G58	11	零点偏置
G02		圆弧插补（顺时针）	G59		
G03		圆弧插补（逆时针）	G65	00	宏指令简单调用
G04	00	暂停延时	G66	12	宏指令模态调用
G20	08	英制输入	G67		宏指令模态调用取消
G21		公制输入	G90	13	绝对值偏程
G27		参考点返回检查	G91		增量值编程
G28	00	返回到参考点	G92	00	坐标系设定
G29		由参考点返回	G80		内、外径车削单一固定循环
G32	01	螺纹切削	G81	01	端面车削单一固定循环
G40		刀具半径补偿取消	G82		螺纹车削单一固定循环
G41	09	刀具半径左补偿	G94	14	每分进给
G42		刀具半径右补偿	G95		每转进给
G52	00	局部坐标系设定	G71		内、外径车削复合固定循环
G54			G72	06	端面车削复合固定循环
G55	11	零点偏置	G73		封闭轮廓车削复合固定循环
G56			G76		螺纹车削复合固定循环

①坐标系设定 G92 指令。

格式：G92 X ＿＿＿＿　Z ＿＿＿＿。

X、Z 取值原则：

·方便数学计算和简化编程；

·容易找正对刀；

·便于加工检查；

·引起的加工误差小；

·不要与机床、工件发生碰撞；

·方便拆卸工件；

·空行程不要太长。

②半径编程 G36 和直径编程 G37。

示例如图 7-18 所示。

a. 半径编程。

% 3352

N1 G37

N2 G92 X90 Z254

N3 G01 X10 W-44

N4 U15 Z50

N5 G00 X90 Z254

N6 M30

b. 直径编程。

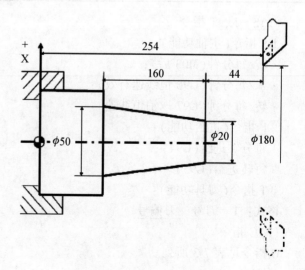

图 7-18　半径和直径编成指令

% 3351

N1 G92 X180 Z254

N2 G36 G01 X20 W-44

N3 U30 Z50

N4 G00 X180 Z254

N5 M30

注意：使用直径、半径编程时，系统参数设置要求与之对应。

③快速定位 G00 指令。

格式：G00 X(U)_Z(W)_

注：X、Z 为绝对编程下的终点坐标，U、W 为相对编程下的坐标终点坐标，其速度不受进给速度 F 设定。

④直线插补 G01 指令。

格式：G01 X(U)_Z(W)_F_

注：X、Z 为绝对编程下的终点坐标，U、W 为相对编程下的坐标终点坐标，其速度受进给速度 F 设定。

⑤圆弧插补 G02、G03 指令。

圆弧指令默认刀具在图形的上方。

格式：

G02 X(U)_Z(W)_I_K_F_

G02 X(U)_Z(W)_R_F_

G03 X(U)_Z(W)_I_K_F_

G03 X(U)_Z(W)_R_F_

示例如图 7-19 所示。

% 1008

N1 T0101

N2 M03 S460

N3 G00 X90Z20

N4 G00 X0 Z3

N5 G01 Z0 F100

N6 G03 X30 Z-15 R15

（N6 G03 X30 Z-15 I0 K-15）

N7 G01 Z-30

N8 X36

N9 G00 X90 Z20

N10 M05

N11 M30

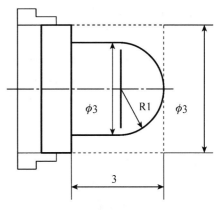

图 7-19　编程指令实例

7.3.2.3 编程实例

如图 7-20 所示。

```
% 1008
N1 T0101
N2 G00 X80Z10
N3 G00 X31Z3
N4 G01 Z-50 F100
N5 G00 X36
N6 Z3
N7 X29
N8 G01 Z-20 F100
N9 G00 X36
N10 Z3
N11 X28
N12 G01 Z-20 F80
N13 X30
N14 Z-50
N15 G00 X36
N16 X80 Z10
N17 M05
N18 M30
```

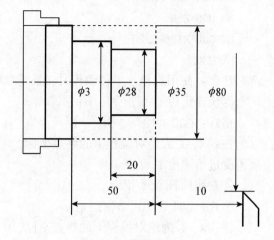

图 7-20   编程实例

7.4   精雕实习

精雕机主要分为工业雕刻机和环境艺术业雕刻机两类。前者一般可以加工金属材料，精度比较高，可以直接生产工业产品，后者一般用于雕刻胸牌、沙盘模型、水晶字切割等，如图 7-21 所示。与精雕实习有关的软件主要有设计软件 JDPaint 和控制软件 NCstudio。

7.4.1   精雕加工的特点

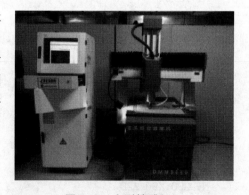

图 7-21   小型精雕机

精雕加工来源于手工雕刻和传统数控加工，它与二者存在着相同点，同时又存在着一些区别。同任何先进的生产技术一样，精雕加工在弥补手工雕刻和传统数控加工的不足之处的同时，总是最大可能地吸取了二者的优点，将它们融会贯通，逐渐形成精雕加工的特点。

（1）精雕加工的加工对象

精雕加工的主要加工对象为文字、图案、纹理、小型复杂曲面、薄壁件、小型精密零件、非规则的艺术浮雕曲面等，这些对象的特点是：尺寸小、形态复杂、成品要求精细。

（2）精雕加工加工的工艺特点

精雕加工只能而且必须使用小刀具加工。

（3）精雕加工产品的尺寸精度高，产品一致性好

精雕加工产品的尺寸精度高，同一产品之间一致性好，这对于模具雕刻和有精密尺寸要求的批量产品加工来说具有重要的意义。另外，控制系统根据加工指令自动控制精雕加工机的刀具运动，完成雕刻任务，极大地减轻了劳动强度。这个高度自动化过程使生产大大降低了对传统手工雕刻操作技能的严重依赖程度。

（4）精雕加工是高速铣削加工

与传统的数控加工比较，数控雕刻是高速铣削加工。高速铣削加工是一种高转速、小进给和快走刀的加工方式，形象地称为"少吃快跑"的加工方式。

7.4.2　精雕加工流程

精雕加工过程中需要 CAD 技术、CAM 技术、NC 技术、精雕加工机和技术支持等许多环节，缺少任何一个环节，精雕加工都会成为跛脚鸭，造成生产过程不畅通，甚至导致整个生产瘫痪。所以，当提起精雕加工时，我们应当从整体上理解精雕加工，更准确地将它称为精雕加工系统。图 7-22 是一个典型的精雕加工系统的流程图。

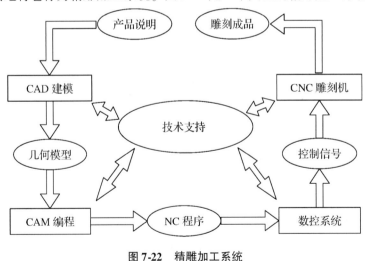

图 7-22　精雕加工系统

7.4.3　精雕实习内容及要求

①了解精雕机机械结构和基本功能；
②初步掌握 JDPainat V4.0 软件的应用，包括文字处理、图形制作；

③能独立完成平面胸牌的图形设计；

④能够按照要求选择合适的刀具及刀具路径的各项参数，生成加工路径并输出；

⑤能够利用程序 JDSimu V1.1 进行加工仿真，并能够从中发现设计和参数选择的不当之处，进而进行适当的调整；

⑥能够正确利用控制软件 Ncstudio 操作机床进行雕刻；

⑦熟悉意外的紧急情况的正确处理方法，以及在紧急停车后如何进行未完成的加工等。

7.4.4　精雕实习的注意事项

①采用区域雕刻的方式加工，任何图形和文字都必须要有封闭的轮廓；

②轮廓切割和区域雕刻要选不同的刀具，也可采用同种刀具，但须定义不同的刀具编号；

③在 Ncstudio 程序中调整起刀点位置时，注意不能超过刀架和工作台移动的范围，不得超过极限位置(从坐标上判断)；

④在加工的过程中禁止用手指或其他物品接触旋转的刀尖，不得在给工作台其他载荷，不得在横梁上放置任何物品。

7.4.5　平面胸牌的制作

(1)准备工作

第一步：装卡刀具。通常选用 JD-30°-0.3。

第二步：装卡双色板。先在工作台上根据切削的面积贴上一层透明胶带，再在透明胶带上贴一层双面胶(一定要平整)，再在双面胶上铺双色板(粘贴的一面要清洁)并均匀压实。

第三步：打开控制柜开关。

(2)平面胸牌的设计

第一步：打开 JDPainat V4.0 软件。

第二步：建立边框。画矩形框，在英文输入状态下定义大小，长度 80mm，宽度 30mm(@80，30)(图 7-23)。

第三步：输入文字。先输入文字，再调整字体、大小及间距。

第四步：图形制作。可以在常用图库中选一个，也可以自行绘制，利用命令工具栏内的命令进行操作。

第五步：刀具路径。框内的图形和文字采用区域雕刻(高级方案)，粗雕，边框轮廓采用轮廓切割，刀具代号分别设为 JD-30°-0.3，JD-30°-0.3A。

第六步：路径输出。选定需要输出的路径，采用二维输出，输出点一般选取左下角基点，并定义文件名保存。

第七步：各种参数的选择需考虑工艺和材料等因素。

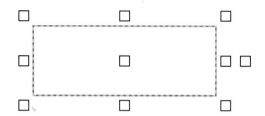

图 7-23　80×30 矩形

（3）平面胸牌的雕刻

第一步：利用 Ncstudio 打廾保存的路径文件。

第二步：按照刀具选取，一般先加工框内的图形和文字。

第三步：按照选择加工。

第四步：设定主轴转速：20 000r/min。

第五步：设定进给速度和落刀。区域加工时分别为 3.00m/min，3.00m/min，轮廓切割时分别为 1.80m/min，3.00m/min。

第六步：调整 XYZ 步长：拖动步长调节托条，或者输入步长参数。

第七步：对刀。对刀时必须先让主轴启动，调整刀尖至工作台上铺装的工件毛坯的左下角，并让刀缓慢接近毛坯上表面（一般开始时可以采用大一点的 Z 步长，快接触到毛坯上表面时一定要减小 Z 步长，一般不超过 0.025mm），当有切痕或出现极少量的切屑时认为 Z 对刀合适（一般刀尖沿 X 或 Y 方向移动一段距离，看切痕是否均匀，但只能往一个方向移动，中途改变移动方向将破坏毛坯的表面）。

图 7-24　面板显示

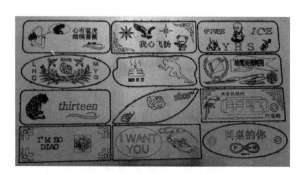

图 7-25　学生设计图展示图片

第八步：按照要求给定雕刻深度：0.2。

第九步：点击开始。

第十步：点击继续加工。

(4)完成所有加工后退出

图 7-24 和图 7-25 分别为操作面板显示和学生设计图。

7.5 英语阅读材料 No.8

Fundamentals of Numerical Control

Defination

Numerical Control(NC) refers to the method of controlling the manufacturing operation by means of directly inserted coded numerical instructions into the machine tool. It is important to realize that NC is not a machining method, rather, it is a concept of machine control. Although the most popular applications of NC are in machining, NC can be applied to many other operations, including welding, sheet metalworking, riveting, etc. Because of the introductory character of this chapter, we will restrict our discussion only to two dimensional machining operations (e.g. turning), which are among the most simple applications of NC. Nevertheless, most of the principles and conclusions here are also valid for more advanced NC applications. The major advantages of NC over conventional methods of machine control are as follows:

(1) higher precision: NC machine tool are capable of machining at very close tolerances, in some operations as small as 0.005 mm;

(2) machining of complex three-dimensional shapes: this is discussed in Section 7.2 in connection with the problem of milling of complex shapes;

(3) better quality: NC systems are capable of maintaining constant working conditions for all parts in a batch thus ensuring less spread of quality characteristics;

(4) higher productivity: NC machine tools reduce drastically the non machining time. Adjusting the machine tool for a different product is as easy as changing the computer program and tool turret with the new set of cutting tools required for the particular part.

(5) multi-operational machining: some NC machine tools, for example machine centers, are capable of accomplishing a very high number of machining operations thus reducing significantly the number of machine tools in the workshops.

(6) low operator qualification: the role of the operation of a NC machine is simply to upload the work piece and to download the finished part. In some cases, industrial robots are employed for material handling, thus eliminating the human operator.

Types of NC systems

Machine controls are divided into three groups,

(1) traditional numerical control (NC);

(2) computer numerical control (CNC);

(3) distributed numerical control (DNC).

The original numerical control machines were referred to as NC machine tool. They have "hardwired" control, whereby control is accomplished through the use of punched paper (or plastic) tapes or cards. Tapes tend to wear, and become dirty, thus causing misreading. Many other problems arise from the use of NC tapes, for example the need to manual reload the NC tapes for each new part and the lack of program editing abilities, which increases the lead time. The end of NC tapes was the result of two competing developments, CNC and DNC.

CNC refers to a system that has a local computer to store all required numerical data. While CNC was used to enhance tapes for a while, they eventually allowed the use of other storage media, magnetic tapes and hard disks. The advantages of CNC systems include but are not limited to the possibility to store and execute a number of large programs (especially if a three or more dimensional machining of complex shapes is considered), to allow editing of programs, to execute cycles of machining commands, etc.

The development of CNC over many years, along with the development of local area networking, has evolved in the modern concept of DNC. Distributed numerical control is similar to CNC, except a remote computer is used to control a number of machines. An off-site mainframe host computer holds programs for all parts to be produced in the DNC facility. Programs are downloaded from the mainframe computer, and then the local controller feeds instructions to the hardwired NC machine. The recent developments use a central computer which communicates with local CNC computers (also called Direct Numerical Control).

7.6　普通铣削加工阅读材料

7.6.1　铣削加工工艺概述

(1) 铣削加工的原理

在铣床上利用铣刀的旋转运动和工件的直线运动来完成零件切削加工的方法称为铣削加工。铣削时刀具的旋转是主运动，工件的直线移动是进给运动。

（2）铣削加工的特点

铣刀是一种旋转使用的多齿刀具，在铣削时铣刀的每个刀齿不像车刀和钻头那样连续进行切削，而是间歇进行切削。因而刀刃的散热条件好，切速可选的高一些。由于是多齿切削因此生产效率较高，但由于刀齿的不断切入和切出，铣削力不断地变化，故容易产生振动和冲击。

（3）铣削加工的应用

铣削主要用来加工平面、台阶、沟槽、成型表面、切断、螺旋槽、钻孔、镗孔和分度等。铣削的精度一般为 IT9～IT7 级，表面粗糙度 Ra 值为 6.3～1.6μm，如图7-26所示。

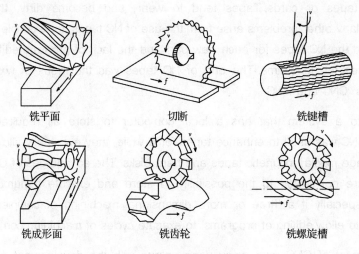

铣平面　　　　　　切断　　　　　　铣键槽

铣成形面　　　　　　铣齿轮　　　　　　铣螺旋槽

图 7-26　铣削加工范围

7.6.2　铣床简介

铣床是用铣刀对工件进行铣削加工的机床。铣床除能铣削平面、沟槽、轮齿、螺纹和花键轴外，还能加工比较复杂的型面，效率较刨床高，在机械制造和修理部门得到广泛应用。常用有卧式铣床和立式铣床。

（1）卧式铣床

卧式铣床质量稳定，操作方便，性能可靠，如图 7-27 所示。卧式铣床的主轴水平布置，如图 7-28 所示。可用各种圆柱铣刀、圆片铣刀、角度铣刀、成型铣刀和端面铣刀加工各种平面、斜面、沟槽等。如果使用适当铣床附件，可加工齿轮、凸轮、弧形槽及螺旋面等特殊形状的零件，配置万能铣头、圆工作台、分度头等铣床附件，采用镗刀杆后亦可对中、小零件进行孔加工。

 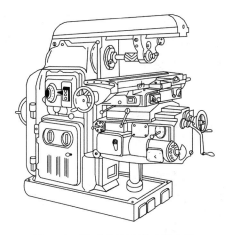

图 7-27　卧式铣床外观　　　　图 7-28　卧式铣床主轴水平布置

（2）立式铣床

立式铣床是一种具有广泛用途的通用铣床，如图 7-29 所示。立式铣床主轴垂直布置，如图 7-30 所示。由端面铣刀、立铣刀、圆柱铣刀、锯片铣刀、圆片铣刀、端面刀及各种成型铣刀来加工各种零件。适于加工各种零件的平面、斜面、沟槽、孔等，由于机床具备了足够的功率和刚性以及 有较大的调速范围（主轴转速和进给量），因此可充分利用硬质合金刀具来进行高速切削。

图 7-29　立式铣床外观

卧式铣床一般都带立铣头，虽然这个立铣头功能和刚性不如立式铣床强大，但足以应付立铣加工。这使得卧式铣床总体功能比立式铣床强大。立式铣床没有此特点，不能加工适合卧铣的工件。

所以现场大都选用卧式铣床加装立铣头，节省设备投资。但是由于立铣的工作量多，这种卧式铣床加装立铣头的方式反而不如立式铣床更适合。卧铣多用于齿轮、花键、开槽、切割等加工，立式铣床除多用于平面加工方面外，也用于加工有高低曲直几何形状的工件，如模具类工件。

图 7-31 所示为龙门铣床。龙门铣床简称龙门铣，是具有门式框架和卧式长床身

的铣床。龙门铣床上可以用多把铣刀同时加工表面，加工精度和生产效率都比较高，适用于在成批和大量生产中加工大型工件的平面和斜面。数控龙门铣床还可加工空间曲面和一些特型零件。

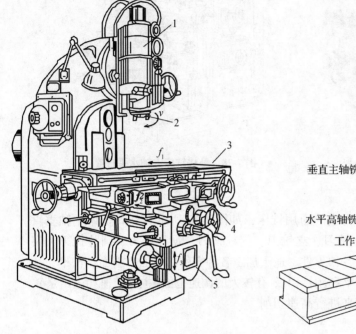

立式铣床

图 7-30　立式铣床主轴垂直布置

1-立铣头；2-主轴；3-纵向工作台；
4-横向工作台；5-垂向工作台

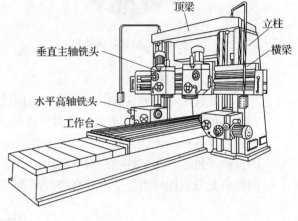

图 7-31　龙门铣床

（3）铣刀

铣刀按照安装方式的不同可分为带孔铣刀（采用孔安装）和带柄铣刀（采用柄部安装）两大类。图 7-32 所示为带孔铣刀，图 7-33 所示为带柄铣刀。带孔铣刀一般安装在卧式铣床的刀杆上，铣刀应尽可能靠近主轴或支架上以增加刚性，如前文图 7-27 所示。其他类型铣刀如图 7-34 所示。

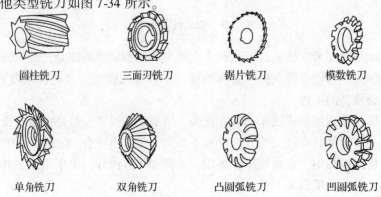

| 圆柱铣刀 | 三面刃铣刀 | 锯片铣刀 | 模数铣刀 |
| 单角铣刀 | 双角铣刀 | 凸圆弧铣刀 | 凹圆弧铣刀 |

图 7-32　卧式铣床用带孔铣刀

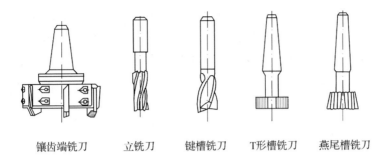

镶齿端铣刀　　立铣刀　　键槽铣刀　　T形槽铣刀　　燕尾槽铣刀

图 7-33　立式铣床用带柄铣刀(锥柄和直柄两种形式)

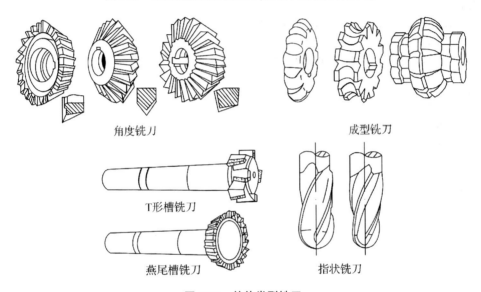

角度铣刀　　　　　　　　　　成型铣刀

T形槽铣刀

燕尾槽铣刀　　　　　　　指状铣刀

图 7-34　其他类型铣刀

(4)铣床附件及工件安装

铣床主要附件有平口钳(图 7-35)、回转工作台(图 7-36)等。

①平口钳如　工作时工件安放在固定钳口和活动钳口之间,找正后夹紧。平口钳主要用来安装小型较规则的零件,如板块类、盘套类、轴类零件和小型支架等。

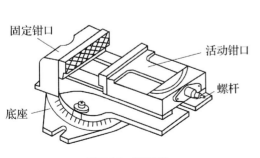

固定钳口

活动钳口

螺杆

底座

图 7-35　平口钳

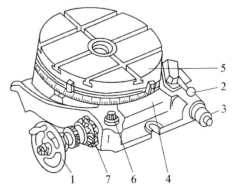

图 7-36　回转工作台

1-手轮;2-离合器手柄;3-传动轴;4-限位挡铁;5-转台;6-螺母;7-偏心环

②回转工作台　回转工作台内部为蜗轮蜗杆传动，通过摇动蜗杆手轮使转台转动。转台周围有刻度，用以确定转台位置。转台中央的孔用以找正和确定工件的回转中心。回转工作台一般用于较大零件的分度工作和非整圆弧面的加工。

本章小结

数控加工是重要的现代加工方法之一，其自动化程度高，生产效率高。适合于中小批量的多样化生产。

思考题

1. 简述数控机床的主要构成和工作原理。
2. 简述数控机床的基本分类。
3. 简述数控铣床上典型零件的加工过程。
4. 简述精雕机的工作原理。
5. 简述精雕图案的基本设计方法。

数控加工实习报告

1. 实验目的

①深入学习和了解 XK713 数控机床的工作原理及其编程。

②认真观察加工中心、数控铣床的主要结构及工作情况。

2. 实验内容及步骤

①熟悉数控铣床传动系统，从理论上弄清各传动链的运动关系。

②了解程序编制基本内容。

③本实验的加工零件比较复杂，但其加工工艺设计过程与教材中的示例基本相同，在此不重复介绍，只要求通过本实验的零件加工，弄清刀具布置情况，换刀情况。

④结构学习：打开机床床的部分盖板，对照传动原理图，逐一观察其传动链的布置及结构情况，主轴箱及自动送卡料机构及附件装置的情况等（可以用手柄按规定方向缓慢摇动分配轴，以观察各部件的运动协调关系）。

⑤观察机床的加工过程。

⑥实验完毕，填写实验报告，并清理机床。

3. 思考题

①简述 XK713 的结构特点。

②简述数控铣床的编程规则。

③简述数控铣床的操作规程。

按照图 7-37 编制加工程序，在 XK713 进行加工。

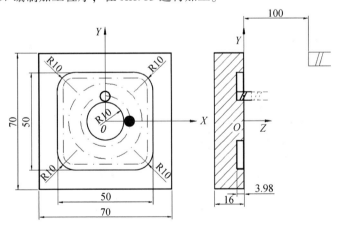

图 7-37　小车图纸

第8章

慧鱼工程模型及平面机构搭建

[**本章提要**] 本章介绍了慧鱼工程模型的基本组成和搭建方法。还介绍了常用的平面机构的构成和搭建训练。

1964年，慧鱼创意组合模型（fischertechnik）诞生于德国，它是技术含量很高的工程技术类智趣拼装模型，是展示科学原理和技术过程的理想教具，也是体现世界最先进教育理念的学具，为创新教育和创新实验提供了最佳的载体。

慧鱼创意组合模型的主要部件采用优质尼龙塑胶制造，尺寸精确，不易磨损，可以保证反复拆装的同时不影响模型结合的精确度；构件的工业燕尾槽专利设计使六面都可拼接，独特的设计可实现随心所欲的组合和扩充，如图8-1所示。

图8-1 慧鱼模型

慧鱼创意组合模型主要有创意组合包、培训模型、工业模型三大系列，涵盖了机械、电子、控制、气动、汽车技术、能源技术和机器人技术等领域和高新学科，利用工业标准的基本构件(机械元件/电气元件/气动元件)，辅以传感器、控制器、执行器和软件的配合，运用设计构思和实验分析，可以实现任何技术过程的还原，更可以实现工业生产和大型机械设备操作的模拟，从而为实验教学、科研创新和生产流水线可行性论证提供了可能，世界知名的德国西门子、德国宝马、美国 IBM 等一大批著名公司都采用慧鱼模型来论证生产流水线。

8.1　慧鱼装配部件的基本结构

慧鱼组件可分为硬件和软件，硬件包括基础结构件、传动结构件、动力部件、传感器、控制部件和特殊部件。软件主要包括 Robots 图形化编程软件。基础机构件包括：梁、轴、连接件。传动结构件包括齿轮、齿条、蜗杆、带轮、传动带、链条、凸轮和气缸等。动力部件包括：电动机(分为微型电机和大功率电机)、带齿轮箱的电动机。传感器包括：温度、光电、触动传感器。实习中主要涉及基本的机械模型搭建，所以主要介绍基本构件和电气构件。

8.1.1　基本构件

(1)六面拼接体(块)

如图 8-2 所示，六面拼接体的六个面上各有一个 U 形槽或凸起的接头，两者相互配合，实现六面体的连接。它有多种长度，可依据模型的不同加以选用。在实现有角度连接时，可选用三角形连接体，这些连接体有多种角度 7.5°、15°、30°、60°等。具体角度在模型侧面有标注。

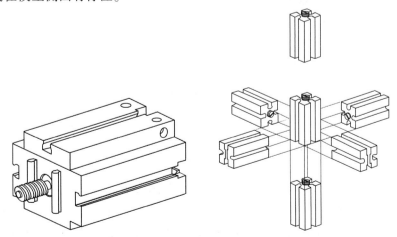

图 8-2　六面体及拼接图

(2)块与连接器

如图 8-3(a)所示，把桩头滑入槽中就可以块与块连接。如图 8-3(b)所示 T 形连接器可以把槽变成桩头。如图 8-3(c)所示,连接条使块与块的面与面连接。如图 8-3(d)所示,用垫片和弹性圈固定轴。

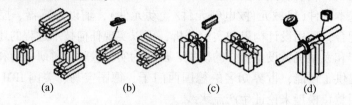

(a)　　　　　(b)　　　　　(c)　　　　　(d)

图 8-3　块与连接器

(3)轮子和紧固单元

轮子,大部分的轮子是由螺母和抓套固定在轴上的,如图 8-4 所示。图 8-5 是一些机械组件。

螺母　　　抓套　　　①把抓套　　②把轮子
　　　　　　　　　　装在轴上　　在抓套上　　③旋紧螺母

图 8-4　轮子及固定方式

图 8-5　机械组件

8.1.2　电气组件和气动组件

如图 8-6 和图 8-7 分别是电气组件和气动组件示意图。

慧鱼模型中的开关是一个触动开关,有三个端子,分别标为 1、2、3。连接导线到触动开关的 1、2 端子,即开关的常闭状态,电流流过。按下开关,电路被中断,电路如图 8-8(a)所示。如果连接导线到接触开关的 1、3 端子,即开关的常开状态,电流无法通过,按下开关,电路导通,电路如图 8-8(b)所示。

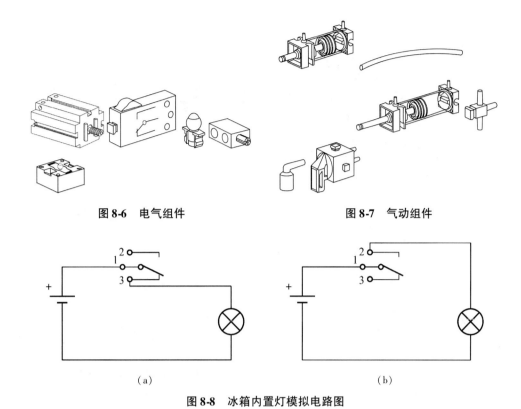

图 8-6 电气组件   图 8-7 气动组件

（a）   （b）

图 8-8 冰箱内置灯模拟电路图

8.2 实习模型搭建

（1）汽车出入横杆模型

工作原理简述：如果作用于物体的主动力的合力作用线在摩擦角之内，则无论这个力多么大，总是有一个全反力与之平衡，物体就会保持静止。如果主动力的合力作用线在摩擦角之外，则无论这个力多小，物体也不能保持平衡。汽车出入杆模型采用了涡轮与蜗杆的自锁原理。只有手柄可以控制横杆

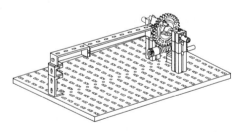

图 8-9 汽车出入横杆模型

上下运动，仅靠横杆的重力横杆并不能下降，在一定程度上保证了车辆和行人的安全。汽车出入横杆模型如图 8-9 所示。

搭建主要步骤：如图 8-10 所示，第一步收集所用的零件，搭建汽车出入横杆模型的底座。第二步搭建手柄结构。如图 8-11 所示，第三步完成横杆结构。第四步完成蜗轮蜗杆的结构搭建。如图 8-12 所示第五步骤完成汽车出入横杆模型的固定工作。

思考题

①涡轮与蜗杆分别是哪两个部件？

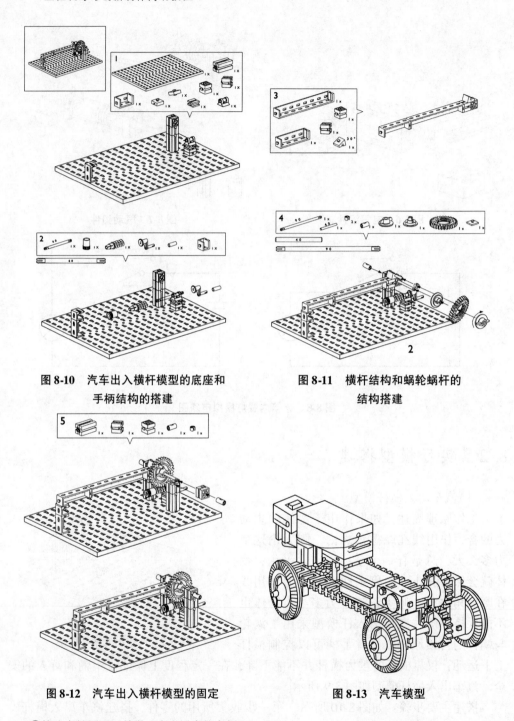

图 8-10   汽车出入横杆模型的底座和
手柄结构的搭建

图 8-11   横杆结构和蜗轮蜗杆的
结构搭建

图 8-12   汽车出入横杆模型的固定

图 8-13   汽车模型

②简述自锁原理，并举一个生活中的实例。

（2）汽车模型

工作原理简述：马达输出动力，带动齿轮转动，齿轮组传动，将动力输出到车轮，带动小车行走。齿轮组可选择大齿轮带小齿轮，起到了增速的作用。若采用了齿数比为

1:1 的齿轮组，则不会改变速度，只是起到了动力传递的作用。若采用了小齿轮带动大齿轮，则会减慢速度。汽车模型见如图 8-13 所示。

搭建主要步骤：如图 8-14 所示，第一步完成汽车车板固定。第二步完成前车轮固定架安装。如图 8-15 所示，第三步完成后车轮框架搭建。第四步完成车轮安装。如图 8-16 所示，第五步完成齿轮电机的固定安装。第六步完成电机、开关、电池的接线。

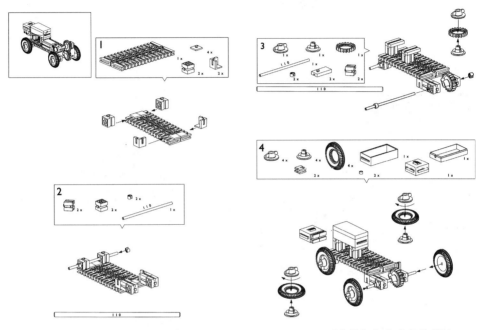

图 8-14　汽车车板固定和前车轮架 　图 8-15　后车轮框架和车轮的搭建
　　　　　固定的搭建

思考题

①如何改变汽车的速度？

②开关如何实现换向？

（3）变速箱模型

工作原理简述：齿轮变速箱是模拟汽车变速箱结构，一共有三挡：倒挡、一挡、二挡。倒挡可以变换飞轮的转动方向，一挡速度较慢，二挡速度较快。这些变换是通过不同的齿轮组啮合得到的。大齿轮带动小齿轮可以提高转速，三个齿轮啮合可以改变传动方向。变速箱模型如图 8-17 所示。

搭建主要步骤：如图 8-18 所示，第一步和第二步完成底座搭建。如图 8-19 所示，第三、四、五步完成被动轴搭建。如图 8-20 所示，第六步完成飞轮的搭建。第七步完成主动轴的搭建。如图 8-21 所示，第八和第九步完成传递轴的搭建。第十步完成拉杆的搭建。如图 8-22 所示，第十一步完成电机安装，并连接电机—开关—电池连接线。

思考题

①变速箱分为几挡，每一挡飞轮的运动有什么区别？

②齿轮啮合分为哪几种情况？怎样改变传动方式？

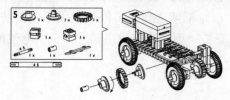

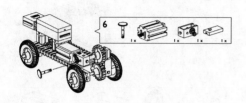

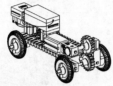

图 8-16　齿轮电机固定和电机、开关、
电池的接线

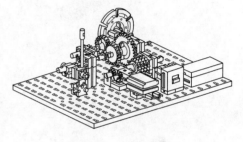

图 8-17　变速箱模型

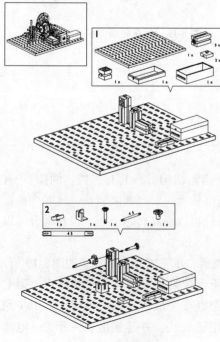

图 8-18　底座搭建

图 8-19　被动轴的搭建

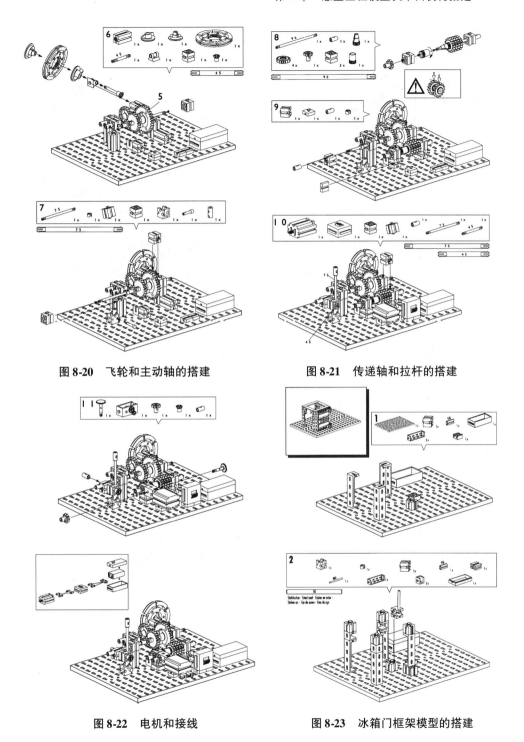

图 8-20　飞轮和主动轴的搭建

图 8-21　传递轴和拉杆的搭建

图 8-22　电机和接线

图 8-23　冰箱门框架模型的搭建

（4）冰箱门开关信号灯闪烁模型

工作原理简述：冰箱门上的触碰开关可以感知冰箱门的状态，每当冰箱门打开时，信号灯接通，并发光。冰箱门关闭时，信号灯熄灭。

如图 8-23 所示，第一步搭建冰箱门框架。第二步安装碰触开关。如图 8-24 所示，第三、四和五步搭建冰箱门。如图 8-25 所示，第六步安装冰箱门和信号灯，并完成接线。

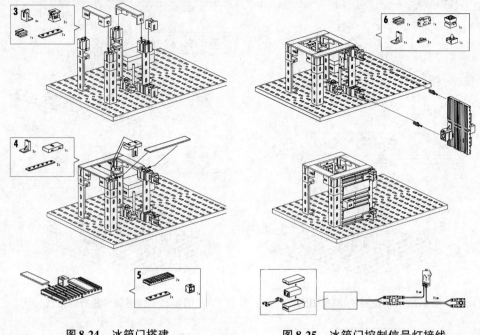

图 8-24   冰箱门搭建   图 8-25   冰箱门控制信号灯接线

思考题

触碰开关的作用。

（5）冰箱报警器模型

工作原理简述：碰触开关可以改变报警器的接通状态，实现报警功能。

如图 8-23 所示，第一步搭建冰箱门框架。第二步安装碰触开关。如图 8-24 所示，第三、四和五步安装冰箱门，并完成接线。如图 8-26 所示，第六步完成报警系统接线。

思考题

描述冰箱门报警系统的现象。

（6）电梯升降台模型

工作原理简述：电机带动站立平台在齿条上滑动，可以实现电梯上行、下行和停止，基于自锁原理，保证了使用安全。

搭建主要步骤：如图 8-27 所示，第一步和第二步搭建电梯的底座。如图 8-28 所示，第三步和第四步搭建滑行轨道。如图 8-29 所示，第五步和第六步完成电梯平台的搭建。如图 8-30 所示，第七步搭建电梯框架。如图 8-31 所示，完成接线工作。

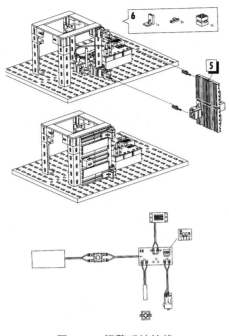

图 8-26　报警系统接线

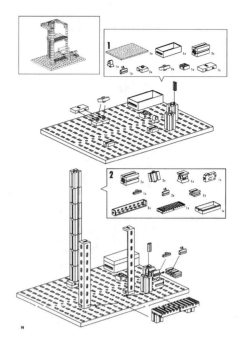

图 8-27　电梯底座的搭建

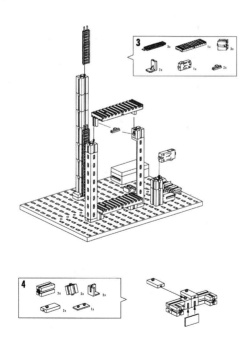

图 8-28　滑行轨道的搭建

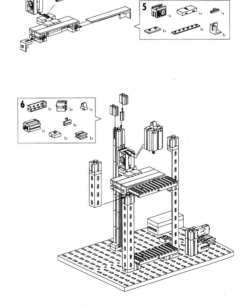

图 8-29　电梯平台的搭建

思考题

电梯的承载量与什么有关？

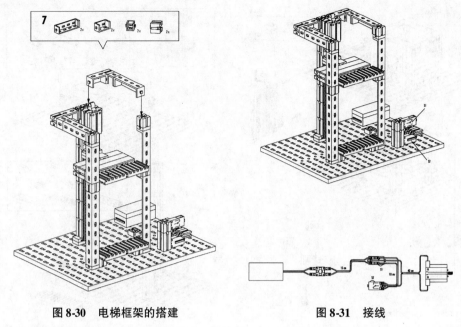

图 8-30　电梯框架的搭建　　　　图 8-31　接线

(7)信号灯模型

工作原理简述：在信号灯模型中主要用到了凸轮机构，凸轮机构一般是由凸轮、从动件和机架三个构件组成的高副机构。凸轮通常作连续等速赚得动，从动件根据使用要求设计使它获得一定规律的运动。

搭建主要步骤：如图 8-32 所示，第一步和第二步完成信号塔的搭建。如图 8-33 所示，第三步完成电池安装。第四步完成电机的固定安装。如图 8-34 所示，第五步完成凸轮固定件的安装。如图 8-35 所示，按照图连接线。

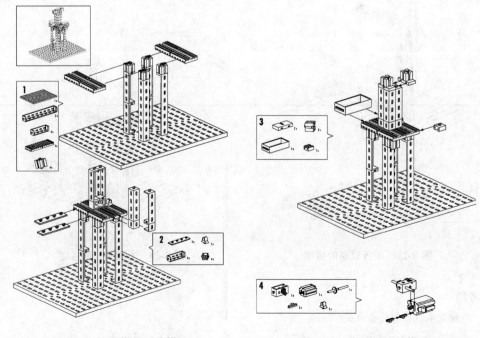

图 8-32　信号塔模型的搭建　　　　图 8-33　电机固定的搭建

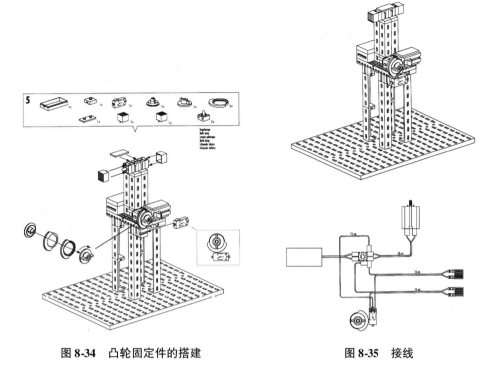

图 8-34　凸轮固定件的搭建　　　　　　图 8-35　接线

思考题

①观察信号灯现象，并描述。

②如何改变信号灯的闪烁频率？

（8）凸轮信号灯模型

工作原理简述：通过凸轮的交替啮合来改变信号灯的闪烁频率。

搭建主要步骤：如图 8-36 所示，第一步和第二步完成信号灯的搭建。如图 8-37 所示，第三步和第四步完成凸轮的固定。如图 8-38 所示，第五步和第六步完成齿轮的固定。如图 8-39 所示，按照图示连接线路。

思考题

①简述每个凸轮在信号灯模型中的作用

②如何延长红灯亮的时间？

（9）慧鱼实习报告

实习目的：通过慧鱼模型的搭建，了解典型的机械传动结构，了解组装和装配的过程，并理解结构之间配合实现运动的过程。

实习过程：

①首先领取实验慧鱼模型箱，并检查构件是否完备。

②按照图纸选取模型组件。

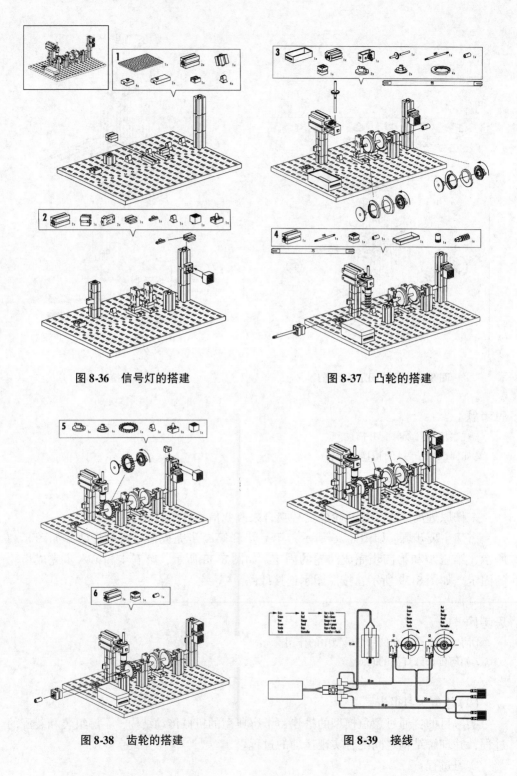

图 8-36 信号灯的搭建

图 8-37 凸轮的搭建

图 8-38 齿轮的搭建

图 8-39 接线

③按照图纸进行搭建。

④搭建完成后，试运转，遇到问题，请检查搭建是否正确，直到机械结构运转

正常。

　　实习结束：将搭建的机械结构拆下，放回慧鱼模型箱中，并检查是否完备，最后交给老师验收。

　　回答上述思考题。

8.3　平面机构运动方案介绍

　　机构运动方案创新设计是各类复杂机械设计中决定性的一步，机构的设计选型一般先通过作图和计算来进行，一般比较复杂的机构都有多个方案，需要制作模型来试验和验证，多次改进后才能得到最佳的方案和参数。本训练所用搭接试验台基本能够任意选择平面连杆机构类型，组装调整机构尺寸等功能，能够比较直观、方便的搭接、验证、调试、改进、确定设计方案。

8.3.1　设备及工具

　　(1)平面机构创意组合分析实验台

　　①齿轮：模数 2，压力角 20°，齿数 60、75、90 三种，中心距组合为：135mm、150mm、165mm。

　　②齿条：模数 2、压力角 20°，齿条全长为 307mm，该齿条可作为 280mm 连杆或作为滑块导轨。

　　③槽轮：4 槽槽轮。

　　④拨盘：单销拨盘。

　　⑤凸轮：一种基圆半径 45mm，近休止—升—远休止—回型，从动件行程 35mm，升程为等速运动规律，回程为等加速等减速运动规律。另一个凸轮基圆半径为 50mm，行程 35mm，从动件为近休止—升—远休止—回型规律，推程与回程均为简谐运动规律。

　　⑥支承轴：扁头结构形式，可构成回转副与移动副，为从动轴。

　　⑦转动轴 I：圆头结构形式，可构成回转副，为从动轴。

　　⑧转动轴 II：圆头结构形式，可构成回转副，为主动轴，轴端有平键，用于安装皮带轮。

　　⑨滑块转轴 I：用于与滑块的连接，可形成回转移动副。

　　⑩滑块转轴 II：可形成一空套的回转副与移动副。

　　⑪连杆 I：有三种不同长度的连杆。

　　⑫连杆 II：可形成三个回转副的连杆。

　　⑬连杆 III：长度 $L = 135mm$。

　　⑭滑块导路 I、II：两滑块导路可组装成互相垂直的滑块导路，且还可作连杆使用。

　　⑮移动杆：该件主要与滑块转轴 I 合用构成移动运动从而与凸轮接触构成直动杆

凸轮机构。

⑯层面限位套：限定不同层面间的平面运动构件距离，防止运动构件之间的干涉。

⑰定距板：用于曲柄滑块机构中的连杆与齿条保持固定距离。

⑱压紧螺钉：规格 M5，使连杆与转动副轴固紧，无相对运动且无轴向窜动。

⑲带垫片螺钉：规格 M5，防止连杆与转动副轴的轴向分离，连杆与转动副轴可相对转动。

⑳转动副轴：用于两构件形成转动副。

㉑轴用带轮：装于转动轴Ⅱ上，形成运动输入。

㉒滑块：由滑块支承板、销轴、滑套，滑块挡板构成。

㉓连接销。

㉔高副锁紧弹簧：保证凸轮与从动件间的高副接触。

㉕张紧轮：用于皮带的张紧。

㉖张紧支承轴：用于张紧轮定位。

㉗张紧支承板：调整张紧轮位置，使其张紧或放松皮带。

㉘张紧轮轴：安装张紧轮。

㉙旋转电机：带减速器直流电机，功率 90W、转速 0～50r/min。

㉚标准件、紧固件若干(A 型平键、螺栓、螺母、紧定螺钉等)。

㉛实验台机架。

(2)组装、拆卸工具

十字起子、呆扳手、内六角扳手、钢板尺、卷尺等。

(3)实验需自备笔和纸。

8.3.2　实训原理、方法与步骤

(1)实验原理

根据平面机构的组成原理：任何平面机构都可以由若干个基本杆组依次连接到原动件和机架上而构成，故可通过实验规定的机构类型，选定实验的机构，并拼装该机构。

(2)实训方法与步骤

①掌握平面机构的组成原理。

②熟悉本实训中的实验设备，各零、部件功用，安装和拆卸工具的使用方法。

③选择本训练内容提供的 3 个机构运动方案作为机构组合实验内容。

④将拟定的机构运动方案根据机构组成原理按杆组进行正确拆分，并用机构简图表示出来。

⑤正确拼装杆组机构运动方案。

⑥完成实验报告。

8.3.3　实验台运动副拼接方法

（1）实验台机架

实验台机架如图 8-40 所示，其中有 6 根铅垂立柱，均可沿 X 方向移动。移动前应旋松在电机侧安装在上、下横梁上的立柱紧固螺钉，并用双手移动立柱至需要的位置后，应将立柱与上（或下）横梁靠紧再旋紧立柱紧固螺钉（立柱与横梁不靠紧旋紧螺钉时会使立柱在 X 方向发生偏移）。注：立柱紧固螺钉只需旋松既可，不允许将其旋下。

立柱上的滑块可在立柱上沿 Y 方向移动，要移动立柱上的滑块，只需将滑块上的内六角平头螺钉旋松即可（该紧定螺钉在靠近电机侧）。

按上述方法移动立柱和滑块，就可在机架的 X、Y 平面内确定固定铰链的位置。

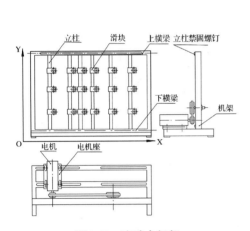

图 8-40　实验台机架

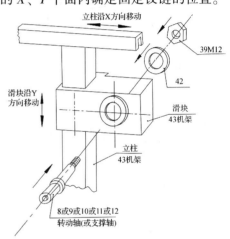

图 8-41　转动轴（支承轴）与机架的连接

（2）转动轴（支承轴）与机架的连接

如图 8-41 所示，图中各零件编号与"ZNH-B 平面机构创意组合分析测试实验台组件清单"序号相同，后述各图均相同。

按照图 8-41 方法将轴连接好后，转动轴（或支承轴等）相对机架不能转动，与机架成为刚性连接；若件 42 不装配，则转动轴（或支承轴等）可以相对机架做旋转运动。

（3）转动副的连接

按照图 8-42 所示连接好后，采用件 21 连接端则连杆与件 23 无相对运动，采用件 22 连接端连杆与件 23 可相对转动，从而形成两构件的相对旋转运动。

（4）转动—移动副的连接

按照图 8-43 连接，可以形成转动 + 移动副，但形成转动副时应当用件 22 连接。

（5）滑块与滑块转轴Ⅰ的连接

按照图 8-44 连接，可形成转动滑块（不装件 42）或定块（有件 42）。

（6）齿轮与轴的连接

如图 8-45 所示。

（7）凸轮与轴的连接

如图 8-46 所示。

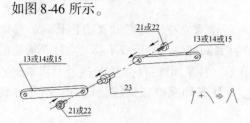

图 8-42　转动副连接图

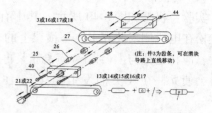

图 8-43　转动—移动副的连接

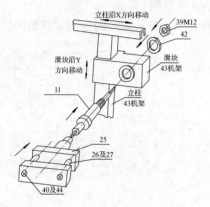

图 8-44　滑块与滑块转轴 I 的连接

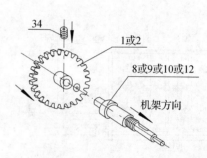

图 8-45　齿轮与轴的连接图

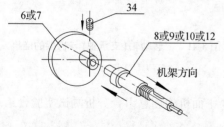

图 8-46　凸轮与轴的连接图

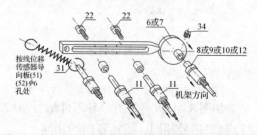

图 8-47　凸轮副连接图

（8）凸轮副连接图

如图 8-47 连接后，移动杆与滑块做相对移动，并由弹簧 31 保持与凸轮的高副接触。

（9）槽轮机构连接

如图 8-48 所示。注：拨盘装入轴（10 或 12）后，应在拨盘上拧入紧定螺钉 34，使拨盘 5 与轴无相对运动；同时槽轮装入轴（10 或 12）后，也应拧入紧定螺钉 34，使槽轮与轴无相对转动。

（10）齿条与滑块导路 I 的平行连接

如图 8-49 所示。

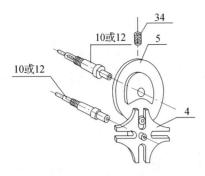

图 8-48　槽轮机构连接图

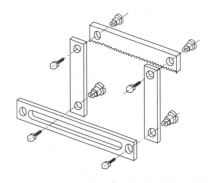

图 8-49　齿条与滑块导路 I 的平行连接图

（11）双滑块垂直导路的连接

如图 8-50 所示连接后，可形成互相垂直的双滑块导路。

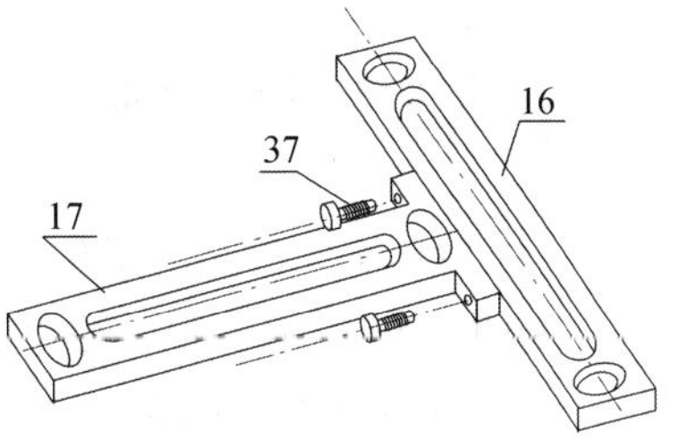

8.3.4　平面机构组合方案拼接训练

首先由学生选定或指导教师指定拼接机构的类型，若为杆件平面机构，各杆件长度可作适当调整

图 8-50　双滑块垂直导路的连接图

组合变换，从而得到不同的运动特性，学生确定构件尺寸并选定构件后，先完成机构的组合拼装。

（1）齿轮 + 齿轮齿条机构，齿轮 Z_1 为主动件

如图 8-51 所示。

（2）齿轮—对心滑块机构，齿轮 Z_1 为主动件

如图 8-52 所示。曲柄 1 的尺寸可有两种（即：更换不同的齿轮 2），而连杆 2 的长度则可选择不同长度的连杆形成。

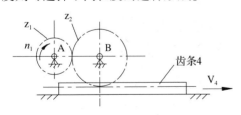

图 8-51　齿轮 + 齿轮齿条机构

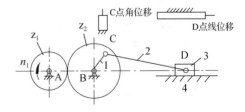

图 8-52　齿轮—对心滑块机构

（3）齿轮—偏心滑块机构，齿轮 Z_1 为主动件

如图 8-53 所示。结构特点：杆件 L_1 与齿轮 Z_2 固联，铰链 C 可直接由齿轮 Z_2 不在圆心上的孔拼接形成；滑块导路延长线与齿轮 2 回转中心偏心距为 e。

曲柄 L_1 可用两个不同的尺寸齿轮形成两个尺寸不等的曲柄，连杆 L_2 的长度则可选择不同长度的连杆形成。

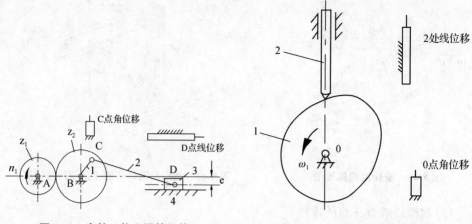

图 8-53　齿轮—偏心滑块机构　　　图 8-54　尖顶从动件凸轮机构 I

（4）尖顶从动件凸轮机构 I，凸轮 1 为主动件

如图 8-54 所示。结构特点：对心移动从动件凸轮机构。凸轮推程为等速运动规律，回程为等加速等减速运动规律。

（5）尖顶从动件凸轮机构 II，凸轮 1 为主动件

如图 8-55 所示。结构特点：对心移动从动件凸轮机构。凸轮推程回程均为简谐运动规律。

（6）槽轮机构，拨盘 1 为主动件

如图 8-56 所示。

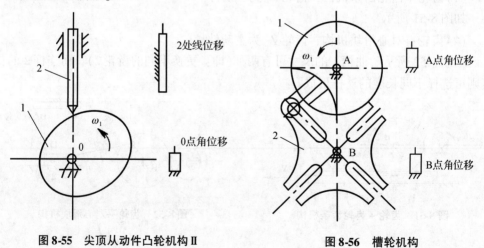

图 8-55　尖顶从动件凸轮机构 II　　　图 8-56　槽轮机构

（7）齿轮—曲柄摇杆机构，齿轮 1 为主动件

如图 8-57 所示。结构特点：由一级齿轮机构与曲柄摇杆机构构成，其中曲柄 1 与齿轮 Z_2 固联，构件 1 可有两种不同尺寸（由两个不同齿轮构成），杆件 2、3、4 均可在构件允许范围内调整长度。

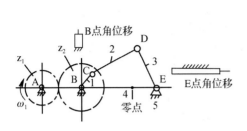

图 8-57　齿轮—曲柄摇杆机构

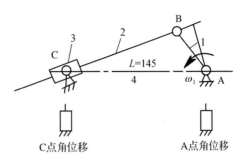

图 8-58　摆块机构

（8）摆块机构，构件 1 为主动件

如图 8-58 所示。

（9）摆动导杆 + 偏置滑块机构，杆件 1 为主动件

如图 8-59 所示。结构特点：该机构由摆动导杆机构和摆杆滑块机构构成；杆件 1 可由齿轮取代（齿轮上不在其回转中心的孔为铰链 B 的位置）。杆件 1、3、4 和 AC 尺寸可在允许范围内调整。滑块 5 导路延长线不通过铰链 A 也不通过铰链 C，导路延长线距铰链 C 位置可调整。

（10）摆动导杆机构 + 对心滑块机构，构件 1 为主动件

如图 8-60 所示。结构特点：该机构由摆动导杆机构和摆杆滑块机构构成；滑块 5 导路延长线通过铰链 A。

构件 1 可由齿轮取代（齿轮上不在其回转中心的孔为铰链 B 的位置）。杆件 1、3、4 和 AC 尺寸可在允许范围内调整。

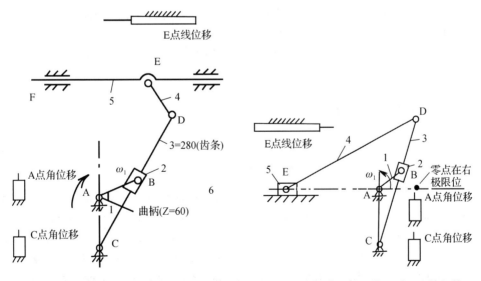

图 8-59　摆动导杆 + 偏置滑块机构图　　　图 8-60　摆动导杆机构 + 对心滑块机构

（11）曲柄摆块—齿轮齿条机构，构件 1 为主动件

如图 8-61 所示。结构特点：该机构由曲柄摆块机构和齿条齿轮机构组成；齿条

中线平行于导杆 2，齿轮 Z_1 空套在滑块 3 的轴上，即：齿轮 Z_1 和滑块 3 可相对转动。导杆 2 在滑块 3 中移动并随滑块 3 摆动时带动齿条运动，并使齿轮 Z_1 转动。构件 1 可由齿轮取代，构件 1 和 AC 尺寸均可在允许范围内调整。

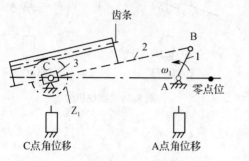

图 8-61　曲柄摆块—齿轮齿条机构

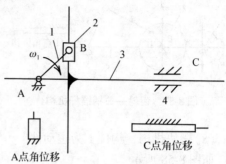

图 8-62　正弦机构

（12）正弦机构，杆件 1 为主动件

如图 8-62 所示。结构特点：该机构为双滑块机构构成，滑块 3 和滑块 2 导路互相垂直，且滑块 3 导路延长线通过铰链 A。曲柄 1 可由齿轮构成，齿轮上不在回转轴线上的孔作为转动滑块 2 的铰链。

（13）导杆—摇杆机构，杆件 1 为主动件

如图 8-63 所示。结构特点：该机构由曲柄导杆机构和双摇杆机构构成。曲柄 1

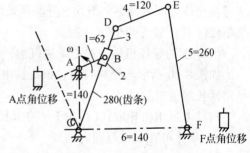

图 8-63　导杆—摇杆机构

可由齿轮构成，滑块 2 的铰链拼装在齿轮上不在回转轴线的孔中。构件 1、AC、CF、构件 4、5 尺寸均可在允许范围内调整。

8.4　英语阅读材料 No.9

3D-Printing Pens

Humans are accustomed to drawing in the air. We gesture with our hands when talking and will try to illustrate charade secrets by "drawing" objects in space. 3D-printing pens takes those gestures, makes them tangible and, in the hands of an artists, beautiful. Recent 3D-printing pens have been cool, but clunky affairs. LIX Pen, however, is something different. It's light, small and apparently needs no more power than you can draw from your run-of-the-mill laptop. Now it's coming to Kickstarter.

Measuring 6.45 inches long, 0.55 inch in diameter and weighing just 1.23 ounces, the aluminum 3D-printing pen (which also comes in black) really is pen sized. You hold it just like a pen, and plug a 3.5mm-like jack into the base and the other end of your cable into your computer. The juice allows LIX to heat to over 300-degrees Fahrenheit, though the plant-based PLA filament (it can also use the stronger ABS plastic) only needs to heat to 180-degrees to work. That filament is fed in through a hole in the base and emerges as a super-heated liquid on the tip so you can start doodling in the air.

Unlike 3D printers, there is no program guiding the printing tip. Instead, to create 3D objects, you simply start drawing in the air with the LIX Pen, moving slowly as the melted filament draws out. It cools quickly so that your structure remains rigid. Each filament rod is about 10 centimeters long and should, according to the company, last for about two minutes of air-drawing.

3D pen printing works for everything from abstract sculpture to fine art and jewelry to T-shirt design. The only limit, it appears, is your skill level and ability to hold and move the pen very, very steadily.

LIX co-founder Anton Suvorov, told Mashable the company's 3D-printing pen "has no concurrence on the market," and it should arrive in Kickstarter sometime around April 14, where the company will be taking pre-orders. The starting price, at least for the campaign, will be $139.95. LIX also sells, for $59.95, a ballpoint pen replica of LIX that is nothing more than a regular pen, but why would anyone want that?

本章小结

慧鱼模型是一种常用于大学生工程训练的组件式模型。模型的搭建过程体现了基本的图学知识和装配概念。平面机构是最典型和最基础的运动构成，构件过程增加了对机构的理解，提高了创新能力。

思考题

1. 简述慧鱼模型的基本构件规则。
2. 简述有几种常见的平面运动机构。

第 9 章

创新制作

[本章提要] 本章介绍了铁艺创新制作和以机加工为主的创新制作的基本内容及要求，并给出了范例供学生参考。

9.1 铁艺制作概述

"焊接工艺品"即铁艺是一项以金属材料为加工对象，以焊接为主要技术手段，辅助以钳工、钣金等加工工艺进行的铁艺工艺品制作项目。该项目的重点是工艺品的结构设计要满足各部件之间的比例协调，并达到焊接工艺的要求。依据所设计的工艺品，选择能满足焊接条件的棒料或板材，并选择适当的辅助加工方法来完成。焊接质量的好坏，以及不同直径，厚度的金属材料之间的焊接成型是完成该项目的难点。如何把人文、历史和文化的艺术内涵容纳到作品中，使之具有较高的观赏价值和艺术性，是对学生人文素养的培养和训练。

9.1.1 "焊接工艺品"的设计制作要求

①焊接工艺品可以是一件，也可以是一组，但必须能够体现出所表达物体的具体特征的艺术性，工艺品整体尺寸不超过 500mm × 500mm × 500mm。

②工艺品名称自定，应与所制作的工艺品表达内容一致。工艺品主要部件必须独立制作完成。

③焊接材料以棒料、板材为主，焊接方法以点焊为主。

④在保证工艺品结构的前提下，应充分考虑其造型美观、新颖，制作简单成本最少。

⑤必须考虑焊接工艺品各个部分的结构易于焊接方式的实现和连接。

⑥可以使用制图软件对工艺品进行整体设计和工艺分析。

9.1.2 焊接工艺品设计方法介绍

（1）模仿设计

模仿设计主要是对物体的外观造型进行模仿，在模仿过程中，可以在不影响整体结构的前提下进行简化，以便于加工制作，力求达到真实的效果。模仿设计的优点是对设计者的创新要求低，只要选择合适的物体如家具、桥梁、铁塔等进行结构分析、结构简化、选择材料即可完成。图 9-1 是连接阿姆斯特丹的斯波伦堡和婆罗洲的巨蟒桥（Pythonbrug）。它是由 West 8 设计公司所设计，于 2001 年建成投入使用，桥高 300 英尺，桥两侧有铝制的海鸥造型装饰，为阿姆斯特丹增添别样风情。蜿蜒的巨蟒桥是阿姆斯特丹最现代的桥梁之一。图 9-2 是经模仿后制作的铁艺巨蟒桥。

图 9-1 连接阿姆斯特丹的斯波伦堡和婆罗洲的巨蟒桥　　　**图 9-2 经简化后制作的巨蟒桥铁艺品**

（2）移植设计

移植设计类似于模仿设计，但又有不同之处。本项目中是指同一层次类别内的不同形态、形状之间的移植。在焊接工艺品设计中，由于金属材料本身的形状相对固定，很难体现各零部件的形状特征，若采用机械加工又比较繁琐，故采用移植设计。选用现实生活中现有的金属制品，特别是一些容易购买的五金件、产品零部件等体现产品特征的部分，利用这些特征产品去构建新的物品。对设计的要求高于模仿设计。图 9-3 为三轮车实物和制作品，采用移植设计方法制作的三轮车的基本结构同真实的三轮车基本一致，但创新之处在于车轮是利用合适大小管材切出，轮毂则采用螺母代

图 9-3 三轮车实物和制作品

替，既降低了制作与装配难度，又显示了三轮车的结构特征，具有真实性。

（3）创新设计

创新设计是研究设计程序、规律、思维方法的一种现代设计方法。在焊接工艺品设计中，只有充分发挥自己的创造性思维，采用合理的设计的创新方法，突破原有的、定型的、被大家公认的造型，大胆推出独有的、富有情趣、令人耳目一新的造型，才能设计出有特色的工艺品。如何实现创新和突破，有很多方法。其中"以旧图新、以新革旧"是一种思路。例如，常见的火炬造型，可以"以旧图新"进行变革，如图9-4所示。再如采用废旧螺母等制作的小人等，如图9-5所示。

图9-4　依据火炬造型的变形制作　　　图9-5　利用螺帽制作的人形作品

（4）焊接可行性设计

焊接工艺品的制作主要是通过焊接方法将工艺品各部件连接在一起。因此，工艺品的设计必须考虑其结构是否满足焊接工艺的要求。主要包括金属材料的选择、焊接方法及工艺的选择、结构设计便于施焊、接头变形等问题。

由于钢的含碳量越大，则淬硬倾向越大，产生裂纹的倾向越大，焊接性能变差。另外铝合金和不锈钢采用一般的焊接方法难以获得优质的焊接接头。因此，工艺品的制作一般采用2mm以下的低碳钢钢板，3mm以下直径的低碳钢棒料，10mm以下直径的钢丝。多采用点焊、电弧熔化焊方式。如果采用铝合金或不锈钢，需要采用氩弧焊。

焊接结构设计必须考虑操作的方便性，否则难以实现。实施焊接操作的结构要具有敞开性，便于操作，以保证质量。焊缝布置要求合理，如图9-6和图9-7所示。

焊接工艺品的承载力，一般只考虑自身重量即可。

针对焊接工艺品的变形问题，要考虑尽量减少焊缝数量，尽可能使焊缝布置对称，焊缝要远离加工位置等。

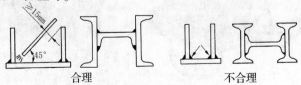

合理　　　　　　　　　不合理

图9-6　焊条电弧焊对操作工艺的要求

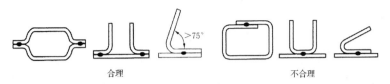

图 9-7　电阻点焊和缝焊时的焊缝布置

9.2　铁艺品设计举例

（1）简单线条设计

利用一定粗细的铁丝进行折弯，点焊连接成型，如图 9-8 所示。

图 9-8　用铁丝弯取成型

（2）螺母与铁丝的组合设计

利用螺母将铁丝巧妙组合起来，再配以点焊连接成各种创意造型，如图 9-9 所示的人物组合。

图 9-9　人物组合

（3）车轮的设计与构建

利用简单的铁丝弯取、钢管切割、螺母或轴承等，都可以构建车轮，如图9-10和图9-11所示。利用弹簧制作娃娃的颈部，如图9-12所示。

（4）实用性与工艺品组合

如图9-13～图9-16所示。

图 9-10　铁丝弯取构建车轮

图 9-11　利用轴承构建车轮　　　图 9-12　利用弹簧制作娃娃的颈部

图 9-13　红酒架　　　图 9-14　花架

图 9-15 烛台

图 9-16 书架和书挡

9.3 铁艺制作基本设备简介

(1)铁艺件的成型

铁艺加工常用手动铁艺折弯器,图 9-17 为 TS-II(十二件套)手动铁艺制作器,其设计合理、大小兼能、不需电源、集多功能于一身,对不同型号的扁钢、方钢、圆钢等低碳钢金属材料直接手动冷加工成型。

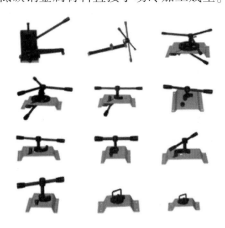

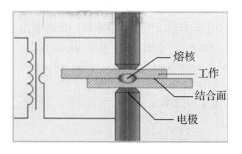

熔核
工作
结合面
电极

**图 9-17 TS-II(十二件套)
手动铁艺制作器手动操作**

图 9-18 点焊原理图

（2）铁艺件的连接

铁艺件之间的连接常采用点焊。在焊接过程中需要加压的一类焊接方法称为压力焊。利用焊件接触面的电阻热，将焊件局部加热到塑性或半熔化状态，在压力下形成接头的焊接方法称为电阻压力焊。电阻压力焊分为：点焊、缝焊、对焊，如图 9-18 所示。点焊机可分为手持式和机械式，如图 9-19 所示。

图 9-19   手持式和台式点焊机

9.4   创新实践比赛

9.4.1   比赛简介

创新实践比赛为工程训练中最后的可选加分项目，占工程训练课程总分的 10%，比赛题目老师在金工实习的第一天公布，加工设备选取金工实习所用设备（数控车床、数控铣床、精雕机、激光切割机、3D 打印机等），选择 4mm 厚有机玻璃作为主要材料。

该项目由团队形式开展，至少 6 人一队，学生自由组队，需要在 3 周内完成设计、加工、装备等工作。在最后一天由实验中心安排专家进行答辩评分。

学生最终需要上交 4 份技术文档和答辩展示视频。具体要求如下：

9.4.1.1   视频要求

提交 1 份 2 分钟的视频（格式要求：MPEG 文件，DVD-PAL 4：3，24 位，720 × 576，25 fps，音频数据速率 448 kbps，杜比数码音频 48kHz），视频的内容是关于本队作品设计及制作过程的汇报及说明。

9.4.1.2   技术文档

（1）结构设计方案文件

完整性要求：小车装配图 1 幅、要求标注所有零件（A3 纸 1 页）。

装配爆炸图 1 幅（所用三维软件自行选用，A3 纸 1 页）。

传动机构展开图 1 幅(A3 纸 1 页)。

设计说明书 1~2 页(A4)。

正确性要求:传动原理与机构设计计算正确,选材和工艺合理。

创新性要求:有独立见解及创新点。

规范性要求:图纸表达完整,标注规范;文字描述准确、清晰。要求采用统一的方案文件格式(见附表)。

(2)工艺设计方案文件

按照中批量(500 台/年)的生产纲领,自选作品上一个较复杂的零件,完成并提交工艺设计方案报告(A4,2~3 页)。要求采用统一的方案文件格式(见附表)。

(3)成本分析方案文件

分别按照单台小批量和中批量(500 台/年)生产纲领对作品做成本分析。内容应包含材料成本、加工制造成本两方面(A4,2~3 页)。要求采用统一的方案文件格式(见附表)。

(4)工程管理方案文件

按照中批量(500 台/年)对作品做生产工程管理方案设计(A4,2~3 页)。要求目标明确、文件完整、计划合理、表达清楚。采用统一的方案文件格式(见附表)。

9.4.2　2015 年题目举例

2015 年北京林业大学工程训练大赛——"蓝牙小车搬运竞赛"。要求经过一定的前期准备后,在比赛现场完成一台符合本命题要求的可运行的机电装置,并进行现场竞争性运行考核。每个参赛作品需要提交相关的结构设计、工艺设计、成本分析和工程管理 4 个文件及长度为 3 分钟的关于参赛作品设计及制作过程的汇报视频。

(1)比赛内容

开展"安卓系统控制的具有搬运功能的蓝牙小车"为主题的创新思维活动,设计制作一种蓝牙小车,通过安装在 Android 操作系统的 App 程序的手机(具备蓝牙功能)控制,分别完成直行、上坡、下台阶、转弯、抓取及搬运货物并放置到指定地点等一系列动作。货物由竞赛时统一使用质量为 0.1kg 的货物,要求货物由小车实现搬运至指定放置地点,搬运过程中不允许货物从小车上掉落。图 9-20 为赛道示意图,图 9-21 为参赛学生小车作品。

(2)材料选择和加工

材料选择:选择 4mm 厚有机玻璃作为主要材料,如图 9-22 所示。机床选择:选择工程训练中心已有机床,主要有精雕机、激光切割机、3D 打印等设备,如图 9-23 所示。或者采用钳工方式进行加工处理。

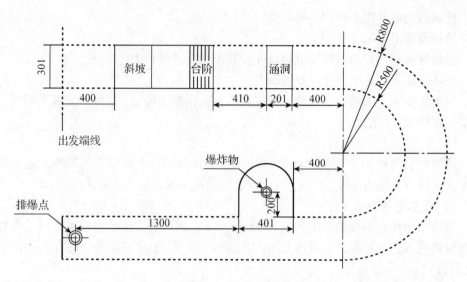

斜坡　台阶　涵洞

出发端线

爆炸物

排爆点

图 9-20　赛道示意图

图 9-21　参赛学生小车作品

图 9-22　所用 4mm 有机玻璃板

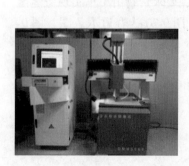

图 9-23　精雕机、激光切割机、3D 打印等设备

9.4.3　附表

工程训练课程	结构设计方案
1. 设计思路(字体，宋体，五号，行距为固定值20磅，阅后删除)	
2. 小车出发定位方案(字体，宋体，五号，行距为固定值20磅，阅后删除)	
3. 总结和体会(字体，宋体，五号，行距为固定值20磅，阅后删除)	
产品名称：　　　　　共　页　　　第 1 页　　　编　号	

工程训练课程		机械加工工艺过程 卡片		共　页	第 1 页	编号：	
				产品 名称	小车	生产 纲领	500 件/年
				零件 名称		生产 批量	42 件/月
材料		毛坯 种类		毛坯外 形尺寸	每毛坯可 制作件数	每台 件数	备注
序 号	工序 名称	工序内容		工　序　简　图		机床 夹具	刀具	量具 辅具	工时 （min）
				编制 （日期）	审核 （日期）	标准化 （日期）	会签 （日期）		
标记	处数	更改 文件号	签字	日期					

工程训练课程	工艺成本分析卡片	共 2 页	第 1 页	编号：	
		产品名称	小车	生产纲领	500 件/年

1. 材料成本分析

编号	材料	毛坯种类	毛坯尺寸	件数/毛坯	每台件数	备注	编号	材料	毛坯种类	毛坯尺寸	件数/毛坯	每台件数	备注
1							7						
2							8						
3							9						
4							10						
5							11						
6							12						

2. 人工费和制造费分析

序号	零件名称	工艺内容	工　时			工艺成本分析
			机动时间	辅助时间	终准时间	

工程训练课程	工艺成本分析卡片	共2页	第2页	编号：
		产品名称	小车	生产纲领	500件/年

2. 人工费和制造费分析

序号	零件名称	工艺内容	工　时			工艺成本分析
			机动时间	辅助时间	终准时间	

3. 总成本

工程训练课程	工程管理报告	共　页	第 1 页	编号：	
		产品名称	小车	生产纲领	500 件/年
		零件名称		生产批量	42 件/月

1. 生产过程组织
2. 人力资源配置
3. 生产进度计划与控制
4. 质量管理
5. 现场管理

本章小结

　　创新训练是在工程实习训练的基础上进行的综合训练。一项是通过铁艺的设计与制作以启发学生的设计创新和艺术造型能力。另外一项是通过一款智能小车的设计与制作，综合应用工程实习训练的知识。

思考题

　　1. 铁艺设计与制作的基本方法与过程？
　　2. 智能小车的设计与制作的关键技术？

参考文献

［1］卢达溶. 工业系统概论［M］. 2 版. 北京：清华大学出版社，2005.

［2］崔明铎. 工程训练［M］. 北京：机械工业出版社，2011.

［3］叶邦彦. 机械工程英语［M］. 北京：机械工业出版社，2009.

［4］王晓江. 机械制造专业英语［M］. 北京：机械工业出版社，2013.

［5］朱海. 金工实习［M］. 北京：中国林业出版社，2012.

［6］张力重. 图解金工实训［M］. 武汉：华中科技大学出版社，2011.

［7］高琪. 金工实习核心能力训练项目集［M］. 北京：机械工业出版社，2012.

［8］李宁. 北京林业大学工程训练教材（内部教材试用），2009.